# 建设项目
# 环境影响评价
## 长江生态保护修复技术研究与实践

生态环境部环境工程评估中心
水电生态环境研究院 编

中国环境出版集团 · 北京

图书在版编目（CIP）数据

建设项目环境影响评价长江生态保护修复技术研究与实践/生态环境部环境工程评估中心，水电生态环境研究院编. —北京：中国环境出版集团，2020.9

ISBN 978-7-5111-4429-4

Ⅰ. ①建… Ⅱ. ①生…②水… Ⅲ. ①长江流域—水利水电工程—环境影响—评价—生态恢复—研究 Ⅳ. ①X822②X171.4

中国版本图书馆 CIP 数据核字（2020）第 168882 号

出 版 人 武德凯
责任编辑 李兰兰
责任校对 任 丽
封面设计 宋 瑞

更多信息，请关注
中国环境出版集团
第一分社

出版发行 中国环境出版集团
（100062 北京市东城区广渠门内大街 16 号）
网 址：http://www.cesp.com.cn
电子邮箱：bjgl@cesp.com.cn
联系电话：010-67112765（编辑管理部）
010-67112735（第一分社）
发行热线：010-67125803，010-67113405（传真）

印 刷 北京建宏印刷有限公司
经 销 各地新华书店
版 次 2020 年 9 月第 1 版
印 次 2020 年 9 月第 1 次印刷
开 本 787×1092 1/16
印 张 11.5
字 数 240 千字
定 价 45.00 元

# 《建设项目环境影响评价长江生态保护修复技术研究与实践》

## 编 委 会


主　编　谭民强　王冬朴　王殿常

副主编　曹晓红　祁昌军　李　翀

编　委　王海燕　温静雅　黄　茹　吴兴华　葛德祥

曹　娜　吴玲玲　王　民　李　倩　步青云

林　慧　赵微微　王宣入　罗　昊

# 前　言

长江是中华民族的母亲河，也是中华民族发展的重要支撑。推动长江经济带发展是以习近平同志为核心的党中央作出的重大决策，是关系国家发展全局的重大战略，必须从中华民族长远利益考虑，把修复长江生态环境摆在压倒性位置，共抓大保护、不搞大开发。习近平总书记一直心系长江经济带发展，多次深入长江沿线考察，并对长江经济带发展作出重要指示批示。2018 年 12 月 31 日，为改善长江生态环境质量，生态环境部、国家发展和改革委员会联合印发《长江保护修复攻坚战行动计划》，对打赢长江生态保护修复攻坚战作出具体部署。

长期以来，长江流域水利工程体系在流域防洪、供水、发电和航运等方面发挥着重要作用。随着流域管理进入由开发为主转向开发保护并重的新阶段，在未来长江经济带发展中，必须更加注重从流域层面统筹管理，充分发挥水利工程体系的生态作用，推进流域水库联合生态调度、河湖湿地生态补水、河流生态修复、河湖水系连通等方面工作，促进长江流域生态环境保护与经济协调发展。

在此背景下，生态环境部环境工程评估中心于 2019 年 11 月举办了“第八届水利水电生态保护研讨会——长江生态保护与修复的管理、技术与实践”。会议围绕长江生态保护与修复管理对策、水库生态调度关键技术、小水电生态影响与修复技术、长江经济带河流生态修复实践等相关问题和对策建议开展了交流讨论。编者从会议成果中遴选出 17 篇论文汇编成册，形成《建设项目环境影响评价长江生态保护修复技术研究与实践》一书，期望能够总结长江生态保护工作的经验和存在的问题，促进水利水电行业交流探讨，也期望能为从事水利水电环保相关工作的科研单位和研究人员提供一定参考。

由于时间和编者水平有限，本书仍存在不足之处，敬请广大读者批评指正。

编　者

2020年9月

# 目　录

# 关于协调做好长江上游水电开发与水生态保护的对策建议

葛德祥　曹晓红　王　民　李　倩　罗　昊

（生态环境部环境工程评估中心，北京 100012）

**摘　要**：近年来，长江上游水电开发在为我国经济社会发展提供能源保障、促进我国能源结构调整和应对气候变化等方面发挥重要作用的同时，也造成河流生态保护空间压缩严重、水生态系统不断退化等生态环境问题。下一步，建议采取强化河流生态保护空间管控、加强水生生物多样性保护、积极推动流域水生态系统修复、完善相关监管政策制度、加大基础科研投入等综合措施，推动长江上游水电开发与生态环境保护协调、可持续发展。

**关键词**：长江上游；水电开发；水生态保护

# Countermeasures on the Balance between Hydropower Development and Aquatic Ecosystems Protection

**Abstract**：In recent years，the hydropower development in the upstream of Yangtze River plays an important role in energy security，energy sources structure adjustment and adaption of climate change，to support economic growth. It also results in environmental and ecological problems including severe elimination of river eco-protection space and ongoing degradation of aquatic ecosystems. In the next step，it is necessary to reinforce river eco-protection space management，to enhance diversity of aquatic organism，to actively restore aquatic ecosystems for the hydropower projects，improve the monitoring system，and extensively invest fundamental research in this area. These integrated measures can be beneficial for the hydropower development and environmental-

---

作者简介：葛德祥（1986—），男，高级工程师，主要从事水利水电生态环境保护相关研究。E-mail：dexiang_ge@163.com。

ecological protection in the upstream of Yangtze River to be coordinating and sustainable.

**Keywords:** upstream of Yangtze River; hydropower development; protection of aquatic ecosystems

## 1 引言

长江上游为长江源头至宜昌河段，全长 4 504 km，占长江干流的 72%，流域面积约 100 万 $km^2$，占全流域的 56%。长江上游在我国能源和生态安全战略格局中占有重要地位。长江上游是我国“西电东送”的重要能源基地，全国十四大水电基地中，有 5 个分布在长江上游，技术可开发量约占全国的 1/3。长江上游气候和地貌类型多样，野生动植物资源丰富且特有性高，以鱼类为例，共分布有鱼类 261 种，包括特有鱼类 112 种，珍稀濒危以及国家和地方重点保护鱼类 59 种，是我国天然的淡水鱼类种质资源基因库。目前，国家“两屏三带”生态安全战略布局中的青藏高原生态屏障、川滇生态屏障等均位于或穿越长江上游。

近年来，在党中央、国务院的正确领导下，在各地区、各部门的共同努力下，水电行业生态环境保护事业不断进步，并取得积极工作成效。但是，当前长江上游生态环境保护形势依然严峻，水生态系统退化趋势尚未得到遏制。长江上游生态安全事关长江经济带发展稳定大局，推动长江上游水电绿色、协调、可持续发展是长江保护修复攻坚战的重要内容。

## 2 长江上游水电开发情况

长江上游水电开发始于 1910 年的云南螳螂川石龙坝水电站，已有百余年历史。近年来，特别是“十一五”以来长江上游水电发展迅速。截至 2018 年年底，长江上游水电基地已建和在建项目装机容量已占技术可开发量的 80%左右。其中，长江上游、金沙江、雅砻江、大渡河、乌江已建和在建装机容量分别为 2 521.5 万 kW、6 736.8 万 kW、1 920.0 万 kW、2 134.6 万 kW、1 110 万 kW，分别占技术可开发量的 80.6%、80.9%、66.7%、85.5%、95.5%。

从区域上看，截至 2018 年年底，长江上游四川、云南、贵州三省水电站数量约分别为 4 700 座、2 300 座、1 500 座，装机容量分别为 7 824 万 kW、6 666 万 kW、2 212 万 kW，叠加部分在建项目装机容量，三省已建和在建水电装机容量分别占各自水电技术可开发量的 86%、80%、113%。重庆市目前共建有水电站 1 600 余座，总装机容量约 700 万 kW，占技术可开发量的 71%，但除去小南海、朱杨溪等长江上游生态高度敏感资源点后，重庆市水电开发程度仍处于较高水平。

# 3 长江上游水电环境管理情况

## 3.1 建立健全政策体系，逐步完善水电行业环境管理

一是加强宏观规划引领。近年来，国务院印发的《水污染防治行动计划》《关于加强长江水生生物保护工作的意见》，以及生态环境、发改、水利、农业等部门印发的《长江经济带生态环境保护规划》《长江保护修复攻坚战行动计划》《重点流域水生生物多样性保护方案》等宏观规划和指导性文件，为今后一段时期长江水生态保护提供了行动纲领。

二是强化管理政策引导。2000 年以来，生态环境部单独或联合其他有关部门印发了《关于深化落实水电开发生态环境保护措施的通知》等 20 余项环境管理政策文件，初步形成了水电环境管理的政策和规范体系，深化了水生态保护等相关工作要求。2010 年，环境保护部提出了“生态优先、统筹考虑、适度开发、确保底线”十六字方针，为统筹协调水电开发与生态环境保护提供了根本指导原则。近年来，长江上游四川、云南、青海等有关省份结合自身实际，分别制定了中小水电开发建设的管理政策，不断严格行业准入和环境保护要求。

## 3.2 统筹优化长江上游水电开发布局，严格项目水生态保护措施要求

一是积极推动河流规划环评，统筹协调水电开发与生态保护。2005 年以来，有关部门积极推动乌江、金沙江、大渡河、雅砻江等河流（段）的综合规划、水电专项规划环评等工作，从流域层面合理确定开发强度及布局，强化流域整体性保护。如通过金沙江上游水电规划环评，将开发方案由 13 级调整为 8 级，保留天然河段 289 km，占规划河段长度的 37%。

二是不断严格项目水生态保护要求，措施要求已由“有没有”转向“好不好”。2012 年以来，通过行业环境管理政策引导，水电项目环保措施要求不断提高。以国家审批的长江上游水电项目为例，2000—2011 年审批的 62 个项目中，生态流量泄放、低温水减缓、鱼类栖息地保护、过鱼措施、鱼类增殖放流等关键水生态保护措施要求率分别为 84%、6%、44%、22%、82%。2012 年之后，上述水生态保护措施已成为项目环评必须论证的内容，措施要求的重点已由“有没有”转向“好不好”。

## 3.3 推动构建多层次水生态保护空间格局，不断强化水生生物多样性保护

一是协同强化水生生物自然保护区建设。近年来，生态环境部联合其他有关部门以及地方各级政府，不断强化长江上游水生生物自然保护地建设。截至目前，共在长江上游地区建立水生野生动物类自然保护区 19 个，其中国家级 5 个、省级 6 个、市县级 8 个，总

面积约 1 117 $hm^2$，保护区范围覆盖长江上游干流以及岷江—大渡河、乌江、嘉陵江、赤水河等支流水系。

二是组织推动划定水生态保护红线。近年来，生态环境部在牵头组织推动生态保护红线划定过程中，进一步明确和强化了长江上游水生态保护的空间管控要求。据统计，长江上游青海、西藏、四川、云南、贵州、重庆等省（区、市）共有 18 个生态保护红线涉及水生态保护相关内容。1—3 级河流中，有 27 条河流（河段）被划入生态保护红线，划入红线的河流长度共计 4 001.62 km，平均占比 25.65%。

三是严格水电项目鱼类栖息地空间保护要求。在严格落实规划环评中鱼类栖息地保护总体布局的基础上，在各水电项目环评阶段进一步强化鱼类栖息地保护要求。据统计，2000 年以来，国家审批的长江上游水电项目鱼类栖息地保护河段总长约 3 200 km。其中，通过大渡河上游巴拉水电站项目环评，推动开展了大渡河上游鱼类栖息地生境保护总体规划，保护河段总长 1 126 km。为保护长江上游鱼类栖息地，在金沙江乌东德、白鹤滩水电站项目环评审批过程中，取消了长江上游对鱼类有重大影响的小南海水电站，并在支流黑水河、赤水河设立重要鱼类栖息地进行保护。

四是积极推进水生生物多样性保护。2018 年生态环境部、农业农村部、水利部联合印发《重点流域水生生物多样性保护方案》，进一步明确了长江源头区、金沙江及长江上游、三峡库区水系等不同区段生物多样性保护的重点任务。近年来，生态环境部不断强化水电开发企业的水生生物多样性保护主体责任要求，积极推动珍稀濒危和特有鱼类人工驯养繁育和增殖放流。截至目前，中华鲟、达氏鲟、胭脂鱼、川陕哲罗鲑、长薄鳅、圆口铜鱼、长鳍吻鮈、长丝裂腹鱼等 40 余种鱼类的人工繁殖技术获得成功或初步取得成功。

## 3.4 积极推动长江上游生态修复，改善水生态环境质量

一是开展长江经济带小水电清理整改，推动中小河流生态修复。针对长江经济带小水电无序开发存在的生态环境破坏问题，根据国务院领导批示要求，2018 年 12 月，水利部、国家发展改革委、生态环境部、国家能源局联合印发了《关于开展长江经济带小水电清理整改工作的意见》，明确要求位于自然保护区核心区或缓冲区内以及生态环境破坏严重的小水电项目需在 2020 年前完成退出，并同步做好生态修复；对于整改、保留类小水电项目要实施生态改造，完善生态保护措施。

二是通过水电项目环评，“以新带老”推动河流生态修复。为推进改善流域生态环境质量，近年来生态环境部在审批新建水电站项目过程中，积极通过“以新带老”方式，推动河流生态修复。据统计，2000 年以来共对长江上游 30 余个水电项目提出了“以新带老”水生态修复要求。例如，金沙江下游乌东德、白鹤滩水电站要求实施支流黑水河已建电站拆除、增设过鱼设施、下泄生态流量、修复减水河段生境等生态修复措施。

### 3.5 推动开展水生态环境监测，加强事中事后监管

一是推动开展水生态环境监测。从 1997 年开始，原国务院三峡工程建设委员会办公室（以下简称原三峡办）联合生态环境部持续开展长江渔业资源监测工作，每年编制《长江三峡工程生态与环境监测公报》，并对外发布。自 2011 年起，生态环境部在年度国家生态环境监测工作要点及实施方案中，均明确要求各省级生态环境监测机构负责组织制定本省水生生物试点监测实施方案，并按照统一要求进行上报。

二是通过中央环保督察和“绿盾”行动，督促违法违规水电整改。第一轮中央环保督察重点关注了四川、云南、重庆、贵州等长江上游省市水电存在的违法开发、无序开发、环保措施不落实、生态破坏严重等突出问题，提出了反馈整改意见。2017 年、2018 年，生态环境部、自然资源部、水利部、农业农村部、国家林业和草原局、中国科学院、国家海洋局等部门开展了“绿盾”国家级自然保护区监督检查专项行动，共查实长江上游有 53 个自然保护区内存在水电开发活动，其中涉及核心区、缓冲区的开发活动 287 个。目前各地正结合小水电清理整改工作要求，统筹推进问题整改。

三是定期开展长江上游水电基地生态保护工作情况跟踪评估。从 2016 年开始，生态环境部安排生态环境部环境工程评估中心每年对长江上游金沙江、雅砻江、大渡河、乌江等水电基地项目生态保护工作开展情况进行评估，重点对项目环保措施“三同时”制度执行情况、环保措施运行情况、配套监测和效果情况、相关科研工作开展情况等进行跟踪调查。

### 3.6 引导支持水生态保护技术研究，不断改善措施运行效果

一是引导支持科学研究，推动行业水生态保护技术进步。2014 年，环境保护部组织推动了绿色水电环境管理课题研究工作，共设置 7 大类别、78 项专题研究内容。在上述相关工作以及有关水电开发企业、行业部门、科研院所的大力支持和推动下，近年来水电行业水生态保护技术不断取得突破。例如，藏木水电站建成了全长 3.62 km、落差 67 m 的竖缝式鱼道，澜沧江黄登水电站建成国内首个水电高坝升鱼机系统，大渡河安谷水电站建成了我国首座基于天然河网环境的全尺寸河流生态试验场等。

二是持续推动措施优化调整，保障措施运行效果。生态环境部高度重视已建水生态保护措施运行效果，通过多种途径督促有关水电开发企业持续改进措施设计、运行管理和监测，保障措施运行效果。如在乌东德、白鹤滩环境保护总体设计审查阶段，对两个项目集运鱼系统等保护措施提出了开展科研试验和优化设计要求。溪洛渡、向家坝水电站通过 2017 年、2018 年两年生态调度试验完善，运行效果逐步提高，同期监测数据显示，2017 年、2018 年生态调度试验期间，长江上游宜宾断面监测鱼卵总量分别为 0.05 亿粒、0.3 亿粒，

江津断面监测鱼卵总量分别为 1.06 亿粒、3.22 亿粒。藏木水电站对鱼道进鱼口、竖缝宽度、池室尺寸、观测仪器、操作设备等进行了优化改进，根据监测结果，2017 年、2018 年主要过鱼季节 3—6 月分别累计过鱼 16 566 尾和 12 990 尾，主要过鱼种类与设计过鱼目标基本相符，过鱼效果发挥较好。根据监测，2018 年在金沙江梨园水电站库首、库尾、坝下及阿海库区、金安桥电站库区、龙开口电站库区等河段，共计回捕到 231 尾带有 2016 年、2017 年放流标记的鱼苗，占总渔获物尾数的 16.48%，表明增殖放流对维持金沙江中游珍稀特有鱼类多样性和资源量发挥了积极作用。

# 4 长江上游水生态保护面临的形势与问题

## 4.1 河流生态保护空间压缩严重，水生生态系统退化趋势明显

一是河流生态保护空间压缩严重。长江上游水电开发密度高、深度大、涉及面广，据统计，目前长江上游建有水电站超过 8 000 座，部分支流水电建设密集，如云南省昭通市威信县南广河 50 km 河道建了 19 座小水电。部分流域进行了深度开发，如岷江从干流到各级支流基本全部被开发，全流域已建和在建水电站 1 400 余座，流域内基本难觅天然河流。据调查，长江上游 1—4 级河流基本全部被开发，占用率达到 100%。

二是河流生境条件显著改变。长江上游梯级水库群的建设运行，造成长江上游河流生境高度破碎化，库区河道急流生境演变为湖泊缓流生境，下游年内、日内径流过程发生明显改变，对于鱼类繁殖有重要作用的中小洪水过程减少或消失，并形成明显的水温滞后效应，对鱼类洄游、产卵、孵化、摄食、发育等生活史过程造成显著影响。例如，金沙江下游向家坝（屏山）水文站监测显示，2012—2017 年断面旬平均水温过程明显滞后于 1960—2011 年，旬均下泄水温最大降低超过 5.0℃，水温达到 18℃的时间最长滞后 28 天，这一趋势近年来还在不断扩大。

三是水生生态退化趋势明显。据不完全统计，长江上游受威胁物种有 79 种，占长江上游鱼类种数的 30%。部分重点保护鱼类衰退趋势明显，如白鲟已功能性灭绝，中华鲟、达氏鲟、川陕哲罗鲑也处于极度濒危状态。圆口铜鱼曾是长江上游优势物种和重要经济鱼类，在渔获物中的比重曾高达 50%，随着三峡以及金沙江中下游和雅砻江下游水电的开发运行，2010 年卵苗量相较于 2006 年下降了 94%，目前在渔获物中的比重已不足 1%。

## 4.2 历史遗留问题较多，生态保护欠账严重

一是发展过程造成历史遗留问题多。据统计，长江上游 2003 年以前开发建设的水电项目约占 50%。限于当时认知水平、社会背景与经济条件，此期间建设的水电站大部分未

考虑生态保护问题。如大渡河龚嘴水电站和铜街子水电站，分别于1966年和1985年建设，基本未采取保护措施。部分项目虽考虑了保护措施，但受经济能力影响而搁置了措施建设。如葛洲坝鱼道，在工程论证阶段部分专家认为建设鱼道对保持长江干流连通性十分必要，但因投资所限，在工程建设阶段只是预留了鱼道位置，至今仍未建设。

二是规划和环评缺位导致水生态保护欠账严重。以小水电为例，长江上游约有50%的项目缺乏规划依据，约有90%的项目缺乏规划环评依据，约有60%的项目没有履行环评手续，规划和环评缺位导致水生态保护欠账严重。据统计，长江上游有超过40%的小水电项目未安装生态流量泄放措施，85%的项目未采取鱼类保护措施。

## 4.3 事中事后监管比较薄弱，措施运行情况不理想

一是水生态保护管理体制还不完善。当前自然资源产权管理、使用和收益体制还不完善，中央与地方、企业与政府、国企与民企之间无法统一协调河流空间和资源的开发与保护，责任与义务的边界不清晰。同时，河流开发管理涉及发改、能源、水利、生态环境、渔业、自然资源、林业等部门，造成多头管理，相关工作难以统筹和协调。

二是水生态保护管理制度还不健全。目前工业污染类建设项目已经建立了与环评相衔接的排污许可管理制度，而环保验收行政许可取消后，水电等生态影响类建设项目的后续监管制度仍不明确。由于缺乏相关生态保护信息报送制度，造成各级生态环境管理部门难以及时、动态、准确掌握建设项目建设和运行过程中环保措施落实情况及效果。当前，水电开发的建设成本、移民补偿和环保投入持续增加，但由于我国对水电上网电价实行低价政策，且欠缺相应优先上网、生态电价和环保税费制度，水电企业环保工作优劣没有考核，在一定程度上影响了水电企业对环保工作的积极性和主动性。目前，水电开发生态补偿制度尚未建立，在涉及干流开发、支流保护等需要与地方政府协调的环保措施落实上，存在诸多困难，造成保护工作十分被动。

三是事中事后监管仍较薄弱。水电项目一般分布于交通不便、地形险要的偏远山区，环境执法部门执法检查一般采取传统现场巡检方式，人员、装备与监管工作任务要求不匹配问题突出，科技支撑薄弱，效率不高，安全隐患大，覆盖面十分有限，难以形成有效监管。以四川省石棉县为例，该县环境执法在岗人员仅2人，但该县共有小水电228座，由于地形和交通条件限制，完成一轮全面执法检查需要近2个月时间。另外，水电项目及其生态环境保护措施具有较强的专业性，一般环境执法人员缺乏相应专业知识背景，造成实际监管过程中存在浮于表面、重点把握不准问题，难以形成有效监管。

四是水生态保护措施落实运行情况不理想。从近年来跟踪评估情况看，长江上游水电项目生态流量下泄、低温水减缓、鱼类栖息地保护、河流连通性恢复、鱼类增殖放流等水生态保护措施建设率均在80%以上，落实情况总体较好。但措施运行管理不到位的问题较

为普遍，以 2018 年评估情况为例，有近 50%的项目未严格按照环评要求下泄生态流量；只有 14%的项目开展了生态调度试验；3 个已建成叠梁门分层取水设施的项目，至今均未实现有效运行；运行过鱼措施的项目占 64%；实际开展鱼类栖息地保护工作的项目占 19%，多数项目鱼类栖息地处于划而未保的状态，另有 4 个项目栖息地已再次进行开发或破坏，没有实现有效保护；增殖放流措施运行率为 90%，部分项目实际放流情况与要求仍存在较大差距。配套监测方面，开展生态流量监测的项目占 56%，开展水生生态保护措施相关监测的项目占 29%，占比相对较低。

### 4.4 基础调查监测和科研支撑不够，生态保护措施技术总体处于起步阶段

一是水生态基础调查欠缺。长江上游地处西南偏远山区，地形条件复杂，交通不便，工作条件恶劣。加之长期以来对水生态基础调查的投入较少，长江上游缺乏全面系统的水生态本底调查，“家底不清、情况不明”问题突出。部分水电项目环评阶段开展的调查工作，存在不系统、不同步等问题，无法全面反映长江上游水生态系统演变趋势，也难以有效支撑关键问题的解决。

二是水生态保护关键技术攻关还不够。通过多年要求和引导，水电环保技术取得了明显进步，并在不少领域取得重要突破。但由于相关基础调查与研究欠缺，水电项目下游生态需水、生态调度以及分层取水、过鱼、珍稀特有鱼类人工驯养繁育、生态修复等水生态保护措施的关键技术还不够成熟，总体仍处于起步探索阶段，在一定程度上影响了措施运行的稳定性和效果。

三是水生态保护相关技术标准还不完善。近年来水电行业部门陆续开展了相关环境保护措施设计规范的编制工作，但目前仅有 11 项技术标准在行有效，需加快推进其余标准的制定、修订工作。同时，从水电工程的全生命周期来看，目前的标准体系基本未考虑水电建成运行后的措施运行管理、监测、效果评价，以及服务期满后的环境保护与生态修复等相关标准规范。

## 5 下一步工作建议

习近平总书记在二十国集团领导人第九次峰会上宣布，我国 2030 年非化石能源占一次能源消费比重要提高到 20%左右。今后一段时期，长江上游水电开发仍将为我国应对气候变化及节能减排发挥重要作用。为协调做好长江上游水电开发与生态环境保护，提出如下建议：

### 5.1 强化河流生态保护空间管控，加强水生生物多样性保护

一是加快构建“三线一单”体系。在长江上游省（区、市）“三线一单”制定过程中，建议进一步强化河流生态保护红线、水生态系统质量底线、水能资源利用上限硬约束，科学合理确定开发与保护边界，推动“共抓大保护、不搞大开发”。建议将小水电纳入负面清单，除离网缺电地区、具有防洪或供水等综合效益以及中央和各省级人民政府明确的扶贫攻坚项目外，原则上不再审批中小河流水电规划环评和新建小水电项目。

二是强化水生生物栖息地空间保护。开展长江上游鱼类栖息地保护规划，结合各干支流现存珍稀濒危及特有鱼类资源产卵场、索饵场、越冬场、洄游通道等分布情况，抢救性划定一批水生生物栖息地。动态调整生态保护红线范围，将已明确作为鱼类栖息地进行保护的河流或河段纳入生态保护红线，强化管理。建议在长江保护法立法过程中，明确水生生物栖息地保护的法律地位。根据保护需要，积极支持将部分珍稀特有鱼类重要栖息地划定为自然保护区、水产种质资源保护区或重要湿地，进一步提升保护层次和水平。

三是进一步加强水生生物多样性保护。科学确定、适时调整国家和地方重点保护水生野生动物名录和保护等级，依法严惩破坏重点保护水生野生动物资源及其生境的违法行为。充分整合长江上游水电鱼类增殖放流站，将有条件的鱼类增殖放流站提升建立为濒危、珍稀、特有物种人工繁育和救护中心，集中资源开展中华鲟、长江江豚、川陕哲罗鲑、圆口铜鱼、鲱科鱼类等珍稀濒危物种保护，尽快扭转物种种群衰退趋势。

### 5.2 积极推动水生态系统修复，改善水生态环境质量

一是规划实施一批生态修复示范工程。在重要水生生物产卵场、索饵场、越冬场和洄游通道等关键生境，以及黑水河、赤水河等部分受损河段规划实施一批水生态保护和修复重大示范工程，以此带动生态保护和修复技术应用和推广，推动长江上游生态修复工作整体进步。

二是加快推动流域水电开发环境影响后评价。结合当前长江干支流水电开发现状和长江生态环境保护要求，建议重点对水电开发程度较高、开发密度较大、生态问题突出的金沙江中游、岷江上游、青衣江、南桠河、杂谷脑河、安宁河、横江、嘉陵江、涪江、渠江等干支流，开展水电开发环境影响后评价工作。从流域层面统一梳理水电开发的实际累积性影响，统一总结水电开发环境保护措施实施的经验教训，统一提出完善流域水电开发生态保护的对策措施，妥善处理历史遗留问题，推动修复流域水生态系统质量，促进行业转型升级和绿色发展。

三是严格推进做好小水电清理整改。加强长江经济带水电清理整改跟踪督导，及时纠正各地小水电清理整改过程中出现的问题，确保不折不扣、按期完成各项清理整改工作任

务。强化小水电清理整改过程中的水生态修复要求，制定小水电退出和中小河流生态修复相关政策和指导意见，推动中小河流水生态环境质量改善。

## 5.3 完善相关监管政策制度，构建水生态保护长效机制

一是健全流域水生态保护管理体制。充分发挥长江流域生态环境监督管理机构职能，加强联合执法、区域执法、交叉执法等执法机制创新，大力推进流域生态环境综合执法，提升监管效果。加快建立自然资源有偿使用制度、自然资源资产收益共享机制，推进构建政府部门主管、行业分工合作、企业主体实施、群众共同参与的水生态保护体系。

二是建立完善水生态保护政策制度。借鉴国外有益经验，建立水电生态许可证管理制度，形成与污染类项目排污许可相对应的环境管理制度。依照“谁开发、谁保护，谁破坏、谁恢复，谁受益、谁补偿”的原则，建立健全河流开发生态补偿制度。探索创新通过电量补偿、资源入股等方式，支持大、中、小水电开展资源整合，“以大带小”推动小水电退出和实施河流生态修复。加快建立生态环境保护“领跑者”制度，充分利用市场调节手段，积极探索通过电价、税收、信贷等方式鼓励水电企业主动落实水生态保护措施，防止出现“守法成本高、违法成本低”“劣币驱逐良币”的恶性循环。建立健全流域及水电企业环境信息强制性披露制度，水电开发企业定期发布生态环境保护措施运行年报，主动接受社会公众监督。完善关键环境信息向生态环境主管部门主动报送制度，将水生态保护运行管理数据接入环评监管平台，定期发布流域水生态保护工作评估报告。

三是加强执法监管能力建设。强化执法机构和人员建设，加强执法装备建设，编制行业环境执法手册，规范执法行为，提升执法水平和效率。建立流域生态保护综合监测平台，破除涉及公共利益的生态环境基础数据行业保护壁垒，加强行业数据共享，统筹流域现有生态环境监测网络及后续建设。充分运用大数据、物联网、卫星和无人机遥感等技术手段，对河流开发建设活动和气象、水文、水质、水生生物、湿地、生态地质环境等进行常态化和业务化监测，逐步将电站主要生态保护措施运行调度、现场监测等数据纳入监管系统。实现由被动监管转为主动监管、应急监管转为日常监管、分散监管转为系统监管。

四是强化水生态保护考核问责。对于未依法履行生态环境保护责任，导致生态破坏的项目和企业，在加大处罚力度的同时，将失信企业和个人纳入信用系统，对失信行为进行公开，对属于国有企事业单位的要依法问责追责。对违法现象多发、生态环境破坏严重、监管流于形式的地区，要对地方政府实施追责问责。将水生态保护纳入中央生态环境保护督察河长履职工作考核，推动地方党政和水电开发企业落实水生态保护的主体责任。推进强化执法监督和责任追究，构建和完善行政执法与刑事司法衔接机制。

## 5.4 加大基础科研投入，进一步提升保护措施效果

一是加强水生态基础调查与观测。开展长江上游水生态本底调查，全面摸清鱼类、水生哺乳动物、底栖动物、水生植物、浮游生物等物种的组成、分布和种群数量状况，科学评估流域水生态系统受威胁状况及演变趋势，明确急需保护的生态系统、物种和重要区域。加强水生生物资源监测网络建设，提高监测系统自动化、信息化水平，加强生态环境大数据集成分析和综合应用，促进信息共享和高效利用，定期发布长江水生生物多样性监测公报。

二是加强水生态系统保护关键技术攻关。着重推动开展一批基础性、支撑性、前瞻性技术研究，加强流域珍稀特有水生生物基础生物学研究、珍稀濒危水生生物繁育技术研究。加强水生态保护工程措施设计及运行调度管理、生态调度、生态修复等关键技术的创新研究。搭建国际、国内生态保护技术交流平台，加强国际科技合作与交流，积极引进国外先进生态保护理念、管理经验及技术手段。健全完善国内交流协调机制，建设以企业为主体、市场为导向、产学研相结合的技术创新体系，形成一批可复制、可推广的水生态保护技术模式。

三是建立完善相关技术标准体系。加快建立完善水生态系统调查、生境保护、过鱼设施、增殖放流、分层取水、生态流量、生态调度等相关设计标准与技术规范，尽快建立水生态保护措施运行管理、效果监测、考核评估相关技术导则和规范。

# 新形势下保护长江水资源的思考

李迎喜　李　斐　邓志民

（长江水资源保护科学研究所，武汉 430051）

**摘　要**：保护长江水资源是国家可持续发展的战略需求。在分析当前长江水资源保护存在的主要问题基础上，针对新形势下习近平总书记关于长江“共抓大保护、不搞大开发”和全面实施长江经济带发展战略的总体要求，提出保护长江水资源的几点思考。

**关键词**：水资源保护；长江；水环境状况；新形势

# Thinking for Protection of Water Resources of Yangtze River under New Situation

**Abstract**：Protection of Water Resources of Yangtze River is the strategic demand of the country's sustainable development. Based on the analysis of the main problems existing in the protection of water resources in the Yangtze River，in view of general requirements on the Secretary-General Xi Jinping stresses that restoring the ecological environment of Yangtze River and no large-scale development and the development strategy of the Yangtze River Economic Belt，some measures and suggestions to improve the protection of Yangtze River water resources under new situation are put forward.

**Keywords**：protection of water resources；Yangtze River；water environment；new situation

作者简介：李迎喜（1968—），男，正高级工程师，主要从事水资源保护规划研究和环境影响评价工作。E-mail：736851362@qq.com。

## 1 引言

自 1972 年联合国在瑞典斯德哥尔摩召开的人类环境会议后，国家领导人认识到我国同样也存在着严重的环境问题，1973 年 8 月在北京召开了第一次全国环境保护会议，此次会议拟定的《关于保护和改善环境的若干规定（试行）》明确要求“全国主要江河湖泊，都要设立以流域为单位的环境保护管理机构”。1976 年 1 月成立了长江水源保护局，长江水资源保护工作正式启动。长江水资源保护经历了 40 年的发展，在实践中不断探索，在探索中不断总结，在总结中不断丰富和完善水资源保护理论，在水资源保护规划体系、监督管理体系、监测监控体系、科研支撑体系的构建等方面取得了重大成效。

## 2 河湖水环境状况

（1）污染源

根据 2017 年《长江流域及西南诸河水资源公报》，长江流域（不含太湖水系）年废污水排放总量为 288.9 亿 t（不含火电厂直流式冷却水和矿坑排水 209.8 亿 t），其中生活污水 130.6 亿 t（含第三产业和建筑业 49.7 亿 t），占比 45.2%；工业废水 158.3 亿 t，占比 54.8%。按水资源二级区统计，排污主要集中在洞庭湖水系、湖口以下干流、鄱阳湖水系。按省级行政分区统计，排污主要集中在湖北、湖南、江西、四川。根据 2014—2017 年长江流域废污水排放量（见图 1）可知，长江流域年废污水排放总量和生活污水量呈增加趋势，工业废水量呈微弱降低趋势。

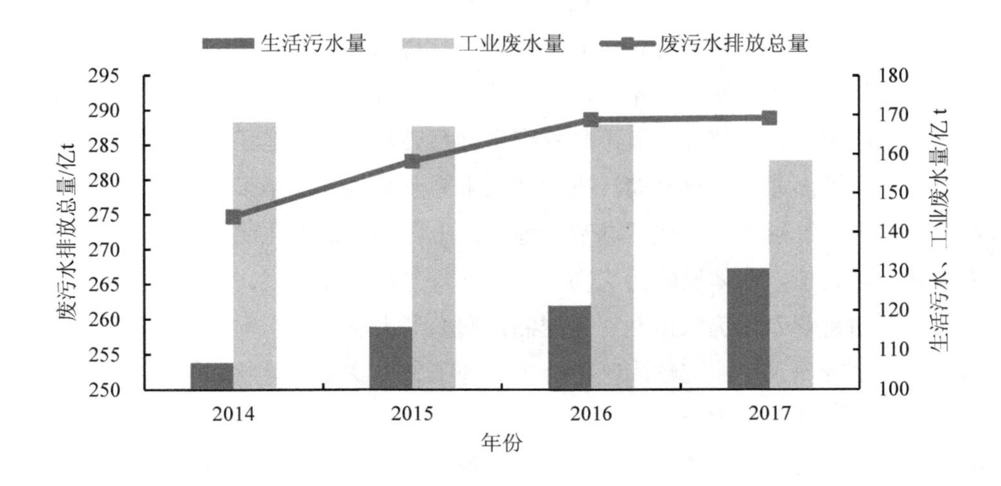


图 1 长江流域废污水排放量变化情况

（2）水质

根据 2017 年《长江流域及西南诸河水资源公报》，长江河流水质状况较好，Ⅰ～Ⅲ类水河长占总评价河长的 83.9%，劣于Ⅲ类水河长占总评价河长的 16.1%。164 个省界断面中，全年水质为Ⅰ～Ⅲ类的断面占评价断面总数的 89.6%。61 个湖泊和 362 座水库中，全年水质为Ⅰ～Ⅲ类的湖泊和水库分别占 14.8%和 81.8%；85.2%的湖泊和 33.4%的水库呈中度至轻度富营养状态。在纳入国务院批复的《全国重要江河湖泊水功能区划（2011—2030年）》的 1 261 个重要水功能区中，按全指标评价，达标率为 78.0%；按双指标（高锰酸盐指数和氨氮）评价，达标率为 93.1%。在 515 个评价水源地中，全年水质均合格的占 73.2%；水质合格率达到 80%以上的占 90.3%。

（3）饮用水水源地

根据 2018 年长江流域全国重要饮用水水源地安全保障达标评估结果，2017 年长江流域全国重要饮用水水源地安全保障达标情况为优，其中，等级评定为优的水源地有 127 个，占参评总数的 58%；等级评定为良的水源地有 66 个，占参评总数的 30.4%；等级评定为中的水源地有 21 个，占参评总数的 9.7%。

## 3 水资源保护存在的问题

经过近年来的不懈努力，长江水资源保护工作不断加强，水污染加重趋势得到有效遏制，干流水质状况总体良好，水安全保障能力得到了提高。随着长江流域经济社会的快速发展，废污水排放量的增幅虽在降低，但绝对量还在逐年增加，局部城市江段和部分支流、湖库水域污染依然严重，水资源保护形势依然严峻[1]。

（1）干流近岸水域和部分支流污染形势依然严峻，湖库富营养化仍在发展

目前长江流域总体水质较好，但干流城市江段及部分支流局部水域仍不同程度受到污染，随着城市化步伐的加快，若不采取有力的治理措施，随着需水和供水量的不断增加，污染形势依然严峻。长江部分支流不同程度受到污染，岷江、沱江等支流局部河段水污染问题突出，湘江等部分河流重金属污染治理还未完全到位。近年来，流域内湖库由于人类工农业生产、生活等活动，干扰了湖泊湿地的生态环境，加上化肥、农药的大量施用，面源污染问题日益突出，水体氮磷污染物增加，富营养化仍在发展。特别是巢湖、滇池等国家重点治理湖泊富营养化仍未得到有效控制；洞庭湖水质正处于向富营养过渡阶段；鄱阳湖水体维持在中营养水平；三峡库区部分支流处于轻度富营养化状态。

（2）流域城乡饮用水安全保障任务艰巨

中央和地方加大了城乡饮用水安全保障工作的力度，采取了一系列工程和管理措施，解决了一些城乡居民的饮用水安全问题，但与保障要求仍有一定差距，饮水安全保障水平

有待提高。随着经济社会发展、人口增加和城市化进程的加快，流域内城乡饮用水安全面临的威胁增加。一是城市供水短缺加剧，随着城镇化率及城镇居民用水量的不断提高，资源型缺水、水质型缺水、工程型缺水等带来城市供水短缺，给城镇居民生活造成困难，也影响了城市的整体发展。二是目前流域内部分城镇水源水质受到污染，有机污染凸显，威胁人民的生命健康。三是水污染高风险行业沿江密集布局，重大水污染事件风险防范的压力加大。

（3）水生态系统遭到破坏，生态安全面临较大威胁

近年来，水生生境和生物多样性保护工作取得一定成效，但长期不合理开发利用造成的生态环境欠账较多，水生态保护与修复任务艰巨。一是流域开发利用对生态环境造成的不利影响逐步显现，江湖的天然连通性降低、生境条件改变对水生生物的多样性、完整性构成威胁。二是部分河道修建了引水式电站或跨流域调水工程，导致流量减少甚至季节性脱流，河道内生态用水不足，严重威胁河流健康。三是水土流失防治任务仍然艰巨，边治理、边破坏的现象仍然存在。

（4）流域水资源保护监测能力有待进一步提高

水功能区监测能力有待加强，全覆盖监测尚有差距，还存在监测频次不足、监测项目不全等问题，难以满足最严格的水资源管理要求。入河排污口监测工作仍然较为滞后，尚未开展全面系统监测，监测数量不足、参数偏少、频次较低等问题普遍存在，难以准确反映入河（湖）污染物总量。水生态监测开展较快但总体上仍处于起步阶段，水生生物监测工作主要以藻类试点监测为主，其他水生生物及生境指标监测开展较少。饮用水水源地全指标监测尚未全面系统开展，针对集中式饮用水水源地的 80 项特定参数，由于监测能力或监测经费的原因，尚未全面定期开展。同时，入河排污口监测、水生态监测、应急监测以及监测信息化水平等与水资源保护管理要求还有较大差距，监测工作有待加强，监测队伍整体业务素质有待进一步提高，新技术、新设备推广应用力度不够等问题迫切需要得到解决[2-3]。

（5）水资源保护管理有待进一步强化

目前，长江流域水资源保护监督管理机制尚不健全、制度尚不完善、监测和监控能力不足，与经济社会发展对水资源保护的要求仍有较大差距。一是水资源保护管理法规体系尚不健全。缺少流域层面的综合性保护法规，现有法律法规之间衔接性与协调性不强，对水资源保护的要求散见于《水法》《水污染防治法》中。不同部门行业之间、流域和区域之间存在职责交叉、事权界定不清的矛盾。二是跨部门、跨地区协调机制亟待建立。流域管理和区域管理相结合的水资源保护协调机制尚不完善，跨部门、跨区域的联动协调不够，存在协商制度不健全、争端解决机制不完善、信息交流渠道不畅通、信息共享不充分等问题。三是水功能区与入河排污口监督管理长效机制有待加强。需进一步细化监管要求，建

立水功能区限排总量的调整和管理制度；流域与区域入河排污口分类分级管理制度有待进一步完善。四是针对突发水污染事件的应急管理亟须加强。沿江工业园区布局密集，有毒危险化学品吞吐量大，随着中上游承接产业转移步伐加快，以重化工为主的企业同构化呈现加重趋势，水污染风险增加，而应对重大突发水污染事件的应急管理仍较为薄弱[4]。

## 4 保护长江水资源的思考

面向未来，伴随着最严格水资源管理制度全面落实，河长制、湖长制全面推行，长江经济带发展战略和习近平总书记关于长江“共抓大保护、不搞大开发”总体要求全面实施，长江流域水资源保护事业迎来空前机遇。生态文明体制改革加快推进，生态文明制度体系初步建立，为破解流域水生态环境保护管理难题提供了有利契机。全面推行河湖长制，为解决水环境问题、改善水生态环境质量、维护河湖健康生命提供了有效抓手和有力举措。

新形势下，流域水资源保护要牢牢抓住四大战略机遇，以水功能区划为基础，严格控制入河污染物排放总量，加强干流主要河段和主要支流综合治理，强化湖泊和水库富营养化治理，逐步使水功能区主要污染物入河量控制在限制排污总量范围内；以保障饮用水安全为目标，开展水源地污染综合整治，营造水源地良性生态系统，改善水源地水质；以保护河湖水系系统健康为导向，合理控制水资源开发利用程度，加强水利水电工程生态调度运行管理，使干支流主要控制断面满足生态环境需水要求。统筹协调，齐抓共管，夯实基础，强化能力，全面推进流域水资源保护管理水平和支撑水平再创新高，不断完善流域水资源保护法规与制度体系、规划体系、管理体系、监测监控体系、科技支撑体系。

在当前和今后一个时期，长江流域水资源保护工作要紧紧抓住几个重点：

（1）深化制度建设，推进保护立法

以河长制为契机，建立长江上游水电开发区、三峡库区、丹江口库区及中下游等重点区域的水资源保护与水污染防治规划之间的衔接机制，推进跨区域、跨部门的水资源管理和保护机制建设，建立流域重要控制断面生态用水保障责任制，加快重点区域和流域控制性水利水电工程、跨流域调水工程统一调度、生态流量保障监督管理机制建设，重点推进三峡库区、汉江流域、赤水河流域等区域及重要饮用水水源地的生态补偿工作[1]，完善信息公开与公众参与机制。

推进“长江保护法”立法与实施，加强地方配套法规与规章的建设，逐步建立起以《水法》《水污染防治法》等法律为核心，行政法规、部门规章和地方涉水法规相配套的较为完善的流域水资源保护法规体系。加快制定地方水资源保护条例和水功能区管理、入河排污口管理、饮用水水源地保护等法规，建立健全流域水资源保护法规与制度体系。

（2）完善顶层设计，推进规划实施

进一步完善长江流域水资源保护规划体系，加快推进嘉陵江、岷江、汉江、湘江等长江重要支流，鄱阳湖、洞庭湖等重要湖泊，江源区及长江口等重点区域水资源保护专业与专项规划制定，逐步完善流域与区域相结合、综合规划与专业规划相补充的水资源保护规划体系。有序推进规划实施并适时开展规划实施情况的评估。以规划实施为契机，加快推进重要区域水资源保护工程试点，逐步建立和完善流域水资源保护工程体系。

（3）严格红线考核，狠抓监督管理

从严核定重要水功能区限制纳污红线，健全水功能区水质达标评价和考核体系。严格入河排污口监督管理。加强长江流域重要饮用水水源地安全保障达标建设，推进流域重要控制断面生态流量管理，深化完善水资源保护管理体系。建立流域与区域水资源保护行政执法的日常联动机制，在协调和互动中推进流域水资源保护行政执法工作，建立执法事权明晰、运行协调、职责明确的流域执法与区域执法相结合的跨区域联合执法机制。建立跨部门联合执法协作机制，统一部署、联合行动，加大执法检查的力度，逐步形成密切协作的跨部门执法联动机制。

（4）夯实基础工作，全面监测监控

加快推进流域水功能区、入河排污口、饮用水水源地等水资源保护基础信息调查与复核，不断完善流域水资源保护基础信息台账。充分利用无人机、遥感、物联网、视频跟踪识别等先进技术，完善流域水资源保护监测网络体系，结合移动应用，构建自动监测和人工实验室监测相结合、自主监测和共享填报相结合的多位一体的水资源保护监控和预警体系，建设突发水污染应急管理决策支持系统，提升涵盖省界、水功能区、入河排污口、饮用水水源地、生态流量、应急监测的综合监测能力[4]。

全面推行入河排污口计量监测，提升自动在线监测的覆盖率，逐步完善水资源保护监控体系。依托国家及各地水资源管理信息系统，结合河湖长效保护与动态管控平台，建立水资源承载能力评价及生态水量保障、饮用水水源地安全保障达标评估等。

整合集成流域内水利、自然资源、生态环境、农业、交通、能源、气象等各部门的涉水数据，逐步建成长江流域水安全与水生态修复大数据共享中心，并以此为载体建设开放、共享、互惠的创新机制与合作交流平台。

（5）深化科技支撑，强化能力建设

紧密围绕水资源、水环境与水生态承载力、污染物入河量控制、饮用水水源地安全保障、水环境监测新技术研究及应用开展关键技术和重大问题研究。加强主要河湖生态需水保障、水域纳污能力调控、流域污染风险防范和应急处置等科学技术和标准研究及应用。进一步加强流域机构科研单位实验室、野外台站、遥感、示范区等科技创新平台建设，持续推进水资源保护科研支撑平台建设，提高科技支撑能力。

（6）聚焦流域特点，突出治理重点

控制长江干流主要城市污染物入河量，优化调整取排水口布局。加大长江干流沿江上海、南京、武汉、重庆、攀枝花等主要城市江段水资源保护力度，严格落实主要污染物入河总量控制方案；积极推进节水型城市建设和水生态文明城市建设。抓好主要支流和重点区域综合治理。提高汉江、湘江、嘉陵江、沱江、岷江等主要支流城镇污水处理率，减少污染物排放量；加强城市点源治理力度；控制农业面源污染；加强湘江镉、汞等重金属污染治理及汉江中下游“水华”防治。加强洞庭湖和鄱阳湖等湖泊生态环境保护，加快巢湖、滇池面源治理，实施入湖河道生态修复，削减入湖污染负荷，保障湖泊水生态安全。强化长江源、三峡库区、丹江口库区、长江口区域等重点水域的水资源保护与修复。

## 参考文献


[1] 王方清. 新形势下保护长江水资源的思考与谋划[J]. 人民长江，2016，47（9）：8-11，21.

[2] 长江流域水资源保护局. 长江水资源保护 40 年[M]. 武汉：长江出版社，2017.

[3] 长江水利委员会. 长江治理开发保护 60 年[M]. 武汉：长江出版社，2010.

[4] 陈琴. 加强长江水资源保护 保障流域水安全[J]. 人民长江，2016，47（9）：3-7.

# 水电影响下的山区河流生态修复措施
# ——以黑水河为例

严 鑫 成必新 卿 杰

（上海勘测设计研究院有限公司，上海 200335）

**摘　要**：黑水河干流四座引水式电站运行、河道采砂、野生鱼类资源过度捕捞、白鹤滩水库建成蓄水等因素对黑水河生态环境产生一系列不利影响，威胁黑水河土著鱼类，尤其是喜流水生境鱼类的生存。为保护黑水河野生鱼类资源，亟须对黑水河进行河流生态修复。基于监测资料、调查报告、文献等，对黑水河干流的生态环境问题进行了梳理和分析，并从技术、工程、管理措施三个方面提出黑水河生态环境的保护和防治对策。

**关键词**：黑水河；河流生态修复；鱼类栖息地；引水式电站；白鹤滩水库

# Ecological Restoration Measures for Mountain River under Severe Disruption of Dams —— A Case Study of Heishuihe River

**Abstract:** A series of factors like four dams on the mainstream of Heishuihe river, instream sand and stone mining, overfishing, Baihetan reservoir（BHT） filling and so on have negative effects on eco-environment of Heishuihe river, and threaten survival of native fish species, especially fish which prefer swift current. To protect wild fish resources in Heishuihe river, it is urgent need to do river ecological restoration. Based on the monitoring data, investigation report, literature reviews, etc, this article analyzed ecological and environmental issues of Heishuihe river, and proposed measures of eco-environmental conservation and prevention from perspective of technology,

---

项目资助：中国三峡建设管理有限公司科研项目资助（合同编号：JG/18056B，JG/18057B）。

作者简介：严鑫（1993—），工程师，硕士研究生，主要从事水力学及河流动力学、河流生态修复方面研究。E-mail: yanxinxiaowanzi@163.com。

engineering and management measures.

**Keywords:** Heishuihe river; river ecology restoration; fish habitat; diversion-type hydropower station; Baihetan reservoir

# 1 引言

金沙江水能资源丰富，是实现我国西电东送战略目标的重要能源基地之一，梯级电站建设完成后将成为我国最大的水电能源基地。梯级电站建设虽然有效利用了水能资源，但其导致的生态环境问题也日益凸显。

金沙江下游河段鱼类资源丰富，此江段为产漂流性卵和喜流水生境产黏性卵鱼种的重要产卵场和育幼场[1-3]。白鹤滩是金沙江下游河段（雅砻江口—宜宾）梯级电站建设的第二级，其建设完成后水文、水动力、水环境等的改变将对原有水生态环境造成不利影响，如流水生境大幅度萎缩、鱼类生存空间骤减、鱼类洄游通道阻断等，威胁土著鱼种和喜流水生境鱼种的生存。

黑水河距白鹤滩坝址约 30 km，是坝区上游左岸一级支流。通过对金沙江下游 12 条支流进行鱼类栖息地保护优先级评估[4]，发现黑水河河流规模较大、水质良好、鱼类和饵料生物资源较丰富，可作为白鹤滩水库蓄水后的干流替代生境，《金沙江下游河段水电梯级开发环境影响及对策措施研究》[5]提出将黑水河作为鱼类替代生境进行支流生态修复。

鉴于黑水河干支流已进行了水电开发，干流四座引水式电站的建设已人为改变了河流水文水动力条件，河流连通性受阻、电站生态流量下泄严重不足、减脱水现象频繁等生态环境问题较多。受电站、采砂、水库蓄水、过度捕捞等多因子综合影响，黑水河河流生态修复工作极为复杂。为了有效地进行河流生态修复，需对黑水河生态环境问题进行全面认识。本文基于普格、宁南水文站和气象站历史资料、相关文献及 2018—2019 年的现场监测资料和调研报告，对黑水河生态环境问题进行了较为详细的梳理和分析，针对生态修复工程提出合理建议和相关对策。

# 2 研究区域介绍

## 2.1 地理位置

黑水河是金沙江左岸一级支流，位于四川省凉山彝族自治州境内，发源于昭觉县玛果梁子，自北向南流经昭觉、普格、宁南三县，于宁南县东南部葫芦口注入金沙江。黑水河流域地处东经 102°20′—102°53′、北纬 26°48′—28°7，流域总面积约 3 591 km$^2$，总长约 173 km，天然落差 1 931 m，平均比降 11.05‰。黑水河主源为西洛河和则木河，其中，左支西洛河河长 104 km，流域面积 1 447 km$^2$；右支则木河河长 54 km，流域面积 638 km$^2$。西洛河和则木河交汇后始称黑水河，自西洛河和则木河交汇口至下游黑水河入汇金沙江处，全长约 75 km，天然落差 552 m，平均比降约为 8.49‰[6-7]。黑水河流域水系分布如图 1 所示。

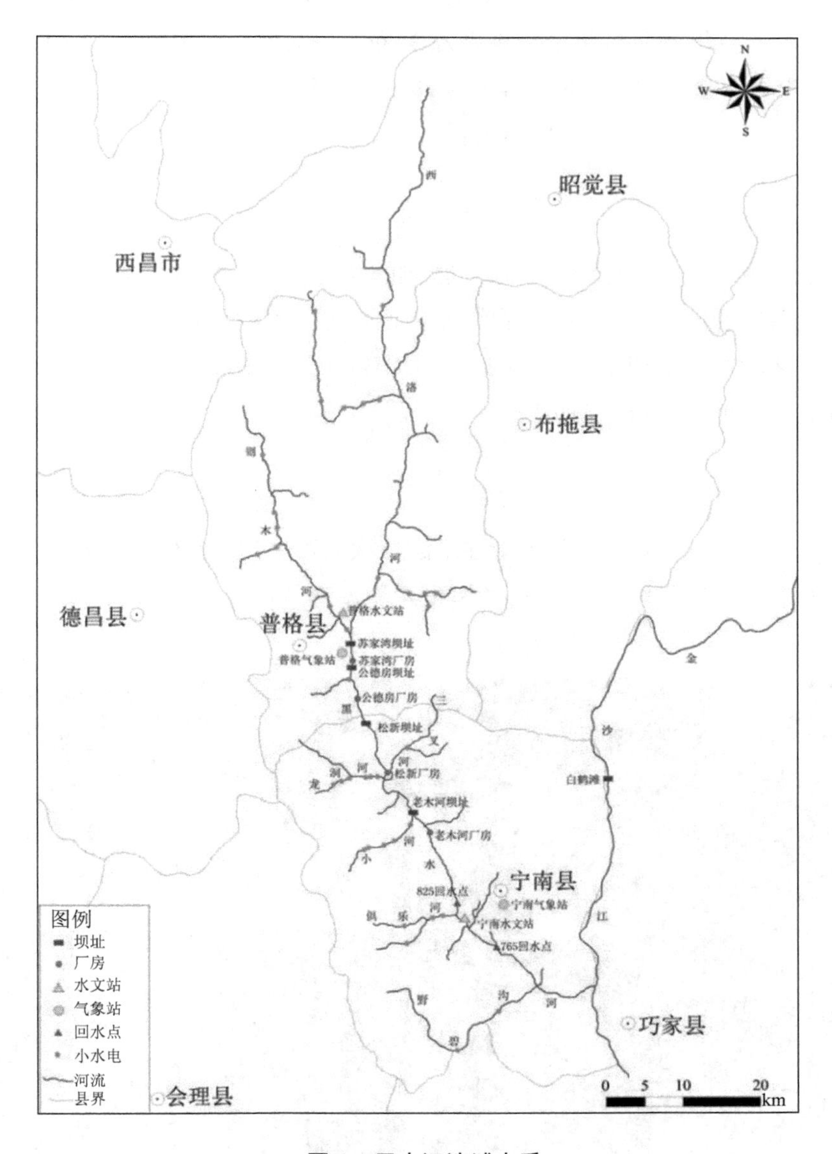


图 1 黑水河流域水系

## 2.2 水文气象条件

黑水河中下游流域属于干热河谷气候，径流主要由降雨形成，其次有少量融雪、化冰补给。根据历史资料记载（1959—2014 年观测资料），该流域降水和暴雨集中于 5—10 月，占全年降水量的 90%，11 月—翌年 4 月降水仅为全年的 10%，暴雨中心多在普格以北则木河流域上，暴雨历时一般在 4～24 h[6-7]。

黑水河河口处多年平均流量约 80 $m^3/s$，宁南水文站处 5—10 月多年平均流量为 102 $m^3/s$，11 月—翌年 4 月多年平均流量为 32 $m^3/s$。其中，汛期以 7 月（133 $m^3/s$）和 9 月（134 $m^3/s$）径流量最大，枯期为 4 月（19 $m^3/s$）径流量最小。径流年内变化与降雨变化趋势基本一致，呈现明显的季节变化特性。

## 2.3 地质条件

黑水河流域位于上扬子台褶带（$\mathrm{II}_4$）西侧的江舟—米市断陷，构造稳定性较差；整体地貌为中山峡谷冲蚀地貌，地势西北高、东南低。受日照较长和气温较高影响，河谷两侧出露岩层易风化剥蚀，汛期随暴雨冲刷进入河中，成为黑水河泥沙的主要来源。该流域主要地质现象有泥石流、滑坡、崩塌[6-7]。

## 2.4 电站基本情况

黑水河干流建有 4 座电站，从上游往下游依次为苏家湾、公德房、松新、老木河电站，各电站位置和基本情况见图 2 和表 1。4 座电站均无调节功能，老木河大坝已于 2018 年 12 月拆除。

图 2　黑水河干流四座引水式电站（从上游至下游）：苏家湾、公德房、松新、老木河

表 1 黑水河干流电站基本情况[6-7]

| 电站名称 | 投产年份 | 坝高/m | 装机容量/MW | 调节性能 |
| --- | --- | --- | --- | --- |
| 苏家湾（SJW） | 2006 | 5.1 | 5 | 无 |
| 公德房（GDF） | 2011 | 18 | 15 | 无 |
| 松新（SX） | 2008 | 5.3 | 20 | 无 |
| 老木河（LMH） | 1986 | 5 | 5.2 | 无 |

### 2.5 鱼类资源及目标保护鱼种

杨志等[8]于 2014 年 1—12 月对黑水河进行了鱼类资源调查，调查结果显示有鱼类 28 种，隶属于 3 目 8 科 23 属，喜流水生境、产黏沉性卵、以着生藻类或/和底栖动物为食物的鱼类种类较多。中国电建集团华东勘测设计研究院[9]2014 年黑水河鱼类资源调查结果显示有鱼类 43 种。中国长江三峡集团公司中华鲟研究所于 2016—2017 年调查黑水河鱼类为 27 种。上海勘测设计研究院联合中国水产科学研究院长江水产研究所于 2018 年 11 月—2019 年 5 月对黑水河鱼类资源进行了详细调查，此次调查结果为 41 种鱼类。综合上述调查结果，黑水河共发现鱼类 47 种，隶属 3 目 8 科，其中鲤形目鱼类 34 种，鲶形目鱼类 11 种，鲈形目鱼类 2 种。

根据前期调查和研究结果[10]，现阶段黑水河目标保护鱼种为昆明裂腹鱼、齐口裂腹鱼、短须裂腹鱼、前鳍高原鳅、横纹南鳅和戴氏山鳅 6 种。以上 6 种鱼类均为底栖鱼类，喜流水生境，其中，3 种裂腹鱼均具有短期洄游习性[6]。

## 3 黑水河干流生态环境问题分析

电站阻隔、沿河采砂/石、渔业捕捞、农业种植等人类活动是造成黑水河干流生态问题的主要原因，具体表现为以下几点。

### 3.1 河流连通性受阻

干流四座电站均为引水式电站，均无调节性。汛期水位高于坝体时，水体从苏家湾、松新和老木河坝顶溢流，公德房通过增大闸门开口下泄流量，四座大坝完全阻断了鱼类迁移。根据 2018—2019 年鱼类资源调查结果，黑水河鱼类种类和数量最多的河段主要集中在老木河坝址以下至黑水河河口处，越往上游，鱼类种类越少，大坝对鱼类迁徙的阻隔效应越明显（见图 3）。

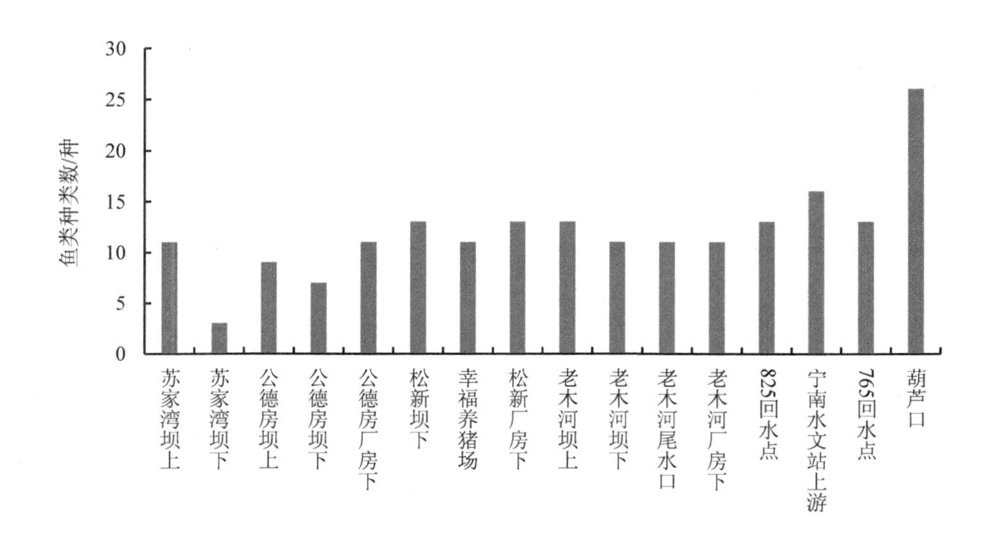


**图 3 黑水河沿程鱼类种类数分布**

## 3.2 河床形态破坏

调查结果显示，黑水河流域采砂、采石现象频繁，其中采石场 9 处、河道采砂 29 处（含历史采砂点）。河道采砂/石破坏了河道原有河床形态，持续不断的人类干扰严重影响了水生态环境，进而影响水生动植物的生存。

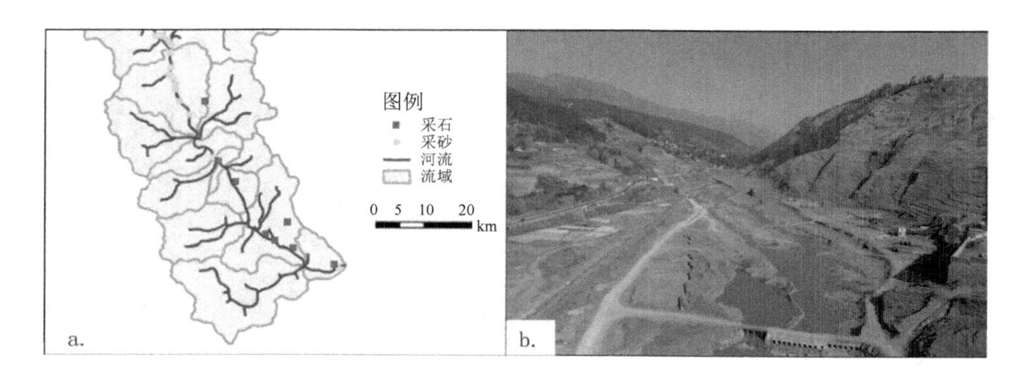


**图 4 黑水河采砂、采石（a. 分布点位；b. 河床破坏示例）**

## 3.3 水文条件变幅大

如图 5 和图 6 所示，干流四座坝体全部建设完成后，黑水河干流枯季流量整体下降。其中，下降较为明显的为 5 月（−32%）、6 月（−18%）和 8 月（−18%）；7 月（+54%）、9 月（+29%）和 10 月（+19%）流量明显上升。

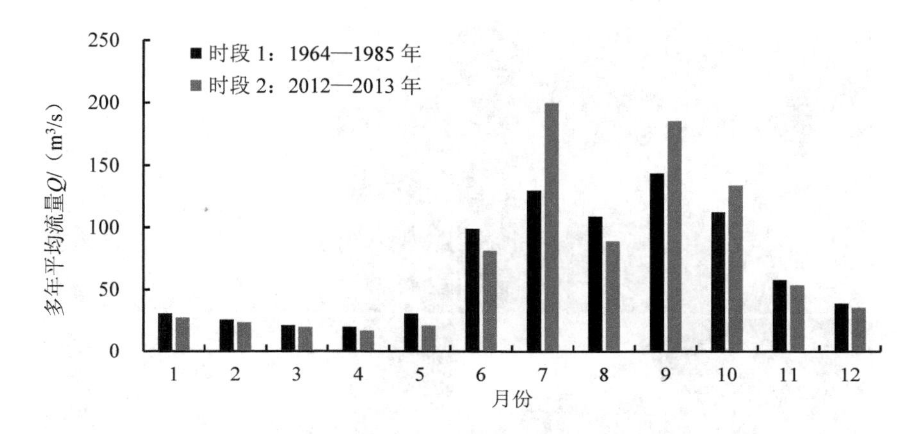


**图 5　建坝前后黑水河各月多年平均流量**

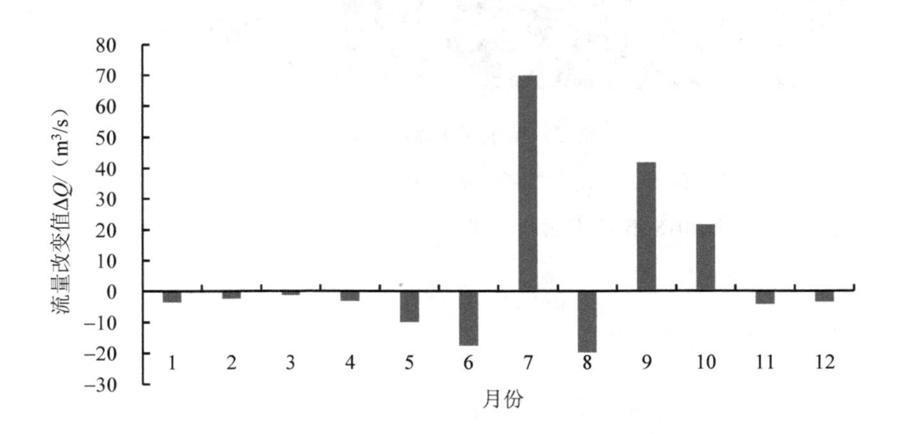


**图 6　建坝前后黑水河各月多年平均流量变化值**

水文条件是刺激鱼类产卵的要素之一，黑水河干流四座坝体对水流条件的改变非常显著。基于 1964—2013 年宁南水文站日均流量数据，使用水文变化指标（IHA）法结合改进的变动范围（RVA）法对其进行分析[11-12]，计算结果显示建坝前后水文情势总体变化度达 25%，33 个水文指标参数中有 13 个指标变化度达 40%以上。

## 3.4 生态流量下泄不足

生态流量下泄不足，减脱水河段较长。苏家湾、公德房、松新、老木河电站均以优先满足发电需求为主，枯期坝址处常年下泄流量不足多年平均流量的 10%，而枯期尤其每年春季正是鱼类产卵季节[13]。枯期四座大坝坝址以下减脱水段长度分别达 2.6 km（苏家湾）、4.6 km（公德房）、8 km（松新）、3.6 km（老木河），河道现状见图 7。

**图 7　黑水河干流减脱水河段**

（苏家湾、公德房、松新减脱水河段摄于 2019 年 3—4 月；
老木河坝已于 2018 年 12 月拆除，其坝下减脱水河段摄于 2018 年 11—12 月）

## 3.5 野生鱼类资源过度捕捞

黑水河流域主要涉及普格和宁南县，辖 34 个乡镇，总人口 19.8 万人，主要以务农为主（占总人口的 91.7%）。据 2016 年数据统计，普格县城镇人均收入约 2 万元，农村居民收入约 0.8 万元；宁南县人均收入约 2.9 万元。受地理位置、土地资源、信息、交通等因素限制，该流域内经济结构单一，居民收入偏低。近年来，由于野生鱼类市场价格高，部分野生鱼类达 300 元/kg 以上，巨大的利润空间刺激了黑水河沿岸居民电捕鱼类行为，并呈现出逐步攀升趋势。当地政府虽出台了保护和禁渔政策、措施等，但效果不佳，偷捕现象依然较为严重。若该行为持续，将导致黑水河野生鱼类资源进一步衰退。图 8 为现场调研过程中发现的较为频繁的捕鱼行为。

图 8 黑水河沿岸捕鱼行为

## 3.6 河流污染问题

主要污染为农业面源污染、城镇生活垃圾污染等。

（1）黑水河沿岸以农业为主，河流两岸以桑树种植为主。在 2018 年及 2019 年现场调查中，根据《地表水环境质量标准》[14]，总磷和总氮情况较差，总磷在Ⅱ～Ⅴ类，总氮在Ⅱ～Ⅴ类（见图 9）。

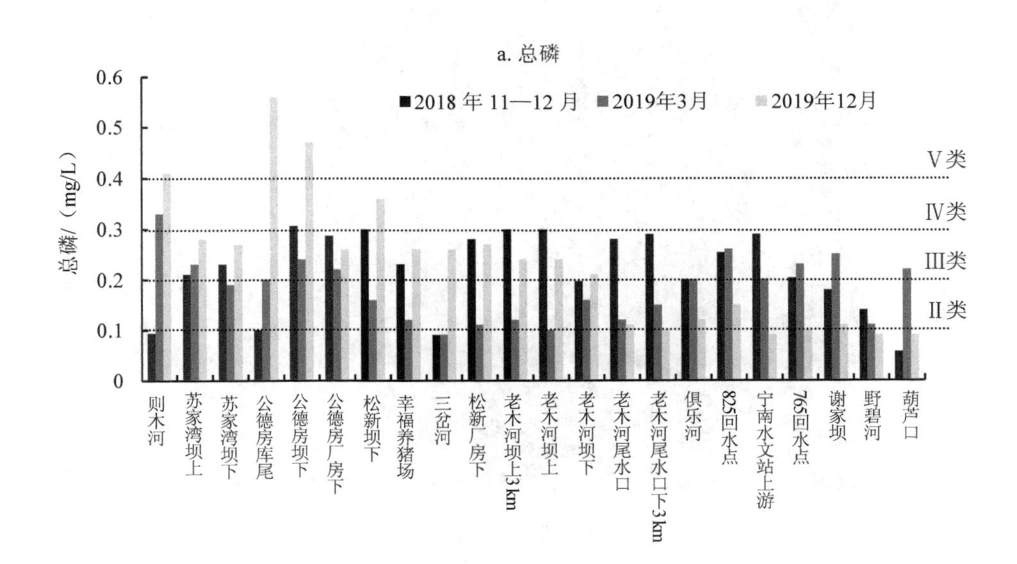

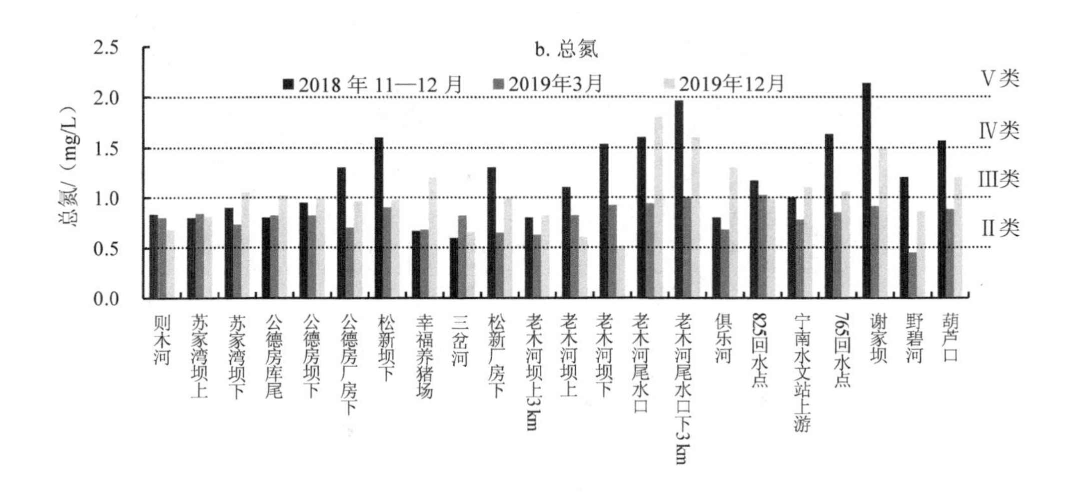


图 9　黑水河干流监测点位不同监测期的总磷和总氮情况

（2）黑水河河道及两岸垃圾问题明显，以生活垃圾、塑料、农用产品废弃物等为主（见图 10）。塑料垃圾等可能缠绕鱼类、覆盖生物、生物附着，不仅对鱼类等水生生物的生长发育不利，而且在水体和河床的摩擦、撞击作用下塑料垃圾的体积逐渐减小，微塑料被水生生物摄入进入食物链后将进一步传递、累积，最终可能对人体健康产生不良影响[15-17]。

图 10　黑水河垃圾情况

# 4 白鹤滩水库蓄水对黑水河的影响

白鹤滩水库蓄水后，死水位 765 高程点至黑水河河口约 20 km 的河段将由典型山区宽谷急流生境变为静水生境；正常蓄水位 825 高程点距黑水河河口约 30 km，765 高程点—825 高程点之间将有约 10 km 河段成为变动回水区，具体数据见表 2。

表 2 白鹤滩水电站水库淹没区黑水河回水长度

| 库区支流 | 河长/km | 死水位 765 m | | 防洪限制水位 785 m | | 正常蓄水位 825 m | |
|---|---|---|---|---|---|---|---|
| | | 回水长度/km | 占河长比/% | 回水长度/km | 占河长比/% | 回水长度/km | 占河长比/% |
| 黑水河干流 | 74.4 | 20.50 | 27.55 | 22.40 | 30.11 | 30.21 | 40.60 |

## 4.1 喜流水生境鱼类的生存空间严重萎缩

老木河水电站至黑水河河口总长约 40 km，该河段以卵石、浅滩、深潭、急流等复杂多样的河道形态和水流条件为主。白鹤滩水库蓄水至死水位时，黑水河高程 765 m 以下河段将长期处于静水状态，淹没长度约占黑水河干流总长的 28%；当水库蓄水至正常蓄水位时，黑水河高程 825 m 以下河段水流生境将发生剧烈变化，该河段约占黑水河干流总长的 41%。这意味着黑水河丰富多样的生存空间将急剧萎缩，威胁黑水河野生鱼类的生存。

## 4.2 河床形态与底质组成的改变

水库回水区水文水动力条件将发生明显变化，从而引起河床形态和组成的改变。段学花等[18]的研究显示，河床底质是影响河流底栖生物群落结构的关键因子，底质为粒径大小不一的卵石且有水草生长的河床是物种多样性最高的基质类型，沙质河床不稳定且不适合底栖动物生长。黑水河干流河床多由砾石、卵石、漂石夹沙组成（见图 11），河床空隙率高并附着水草等生物。白鹤滩水库蓄水后，近 20 km 将成为永久淹没区，该区域流速变缓将导致泥沙淤积，原有卵石河床将逐渐被沙质或淤泥河床替代。

## 4.3 其他生态环境问题

（1）水库消落带内的土壤侵蚀问题

白鹤滩正常蓄水位 825 m，死水位 765 m，水库水位变动将产生垂直落差达 60 m 的消落带。根据三峡水库消落带研究[19]，在周期性高压淹水和高幅度干湿交替作用下，消落带内的植被群落、植被覆盖度、土壤理化力学特性等在短期内发生了巨变。在水库水位周期

**图 11 黑水河沿程河床粒径分布现状**

（从上游至下游依次为苏家湾、公德房、松新、老木河、转堡、葫芦口）

性变化、降雨径流冲刷、波浪淘蚀等共同作用下，在蓄水初期，消落带内的土壤侵蚀现象十分显著[20-22]。黑水河两岸山体高程在 2 000～4 000 m，河岸坡度普遍为 35°～60°，河岸两侧土质疏松，出露岩石易风化剥蚀，汛期随暴雨冲刷进入河道是河道泥沙的主要来源。白鹤滩水库蓄水后，水库周期性涨落形成的消落带可能产生明显的土壤侵蚀现象。

（2）植物种群消亡/转变问题

欧洲长期水库监测结果显示，水库消落带生态系统需要 60 年以上才能稳定[23]。根据对三峡水库蓄水后消落带的研究，水库蓄水后原有陆生植物减少或消亡，消落带内植物由陆生型逐渐转变为水陆交替型[24]，消落带内植物种类比原有陆生环境大为减少，生态系统的结构和功能简单化，脆弱性增强[25]。综合已有水库消落带研究结果，白鹤滩水库蓄水后将可能对黑水河 825 回水点以下河段的植被组成、植物丰富度、生态系统稳定性等造成不利影响[26]，并产生外来生物入侵现象[27]。

（3）生物群落改变

水环境改变将导致原有水生生物群落结构发生变化。库区及回水变动区水深是影响底栖动物分布的重要因素，水深越大的地方阳光光照越不足，底栖动植物的多样性也越低；水温也是水生动植物生长发育和繁殖的重要影响因子，同时水温还会影响蓄水区沿岸植物的凋落过程，进而间接对底栖动物的食物来源产生影响[28]。底栖动植物群落作为鱼类的主要食物来源，其分布和群落的改变是影响黑水河鱼类群落分布和资源数量的关键因素。

## 5 黑水河生态环境保护和防治措施

### 5.1 工程措施

（1）通过拆坝和河道疏浚等方法，恢复河道连通性。在白鹤滩水库蓄水将造成支流黑水河鱼类生存空间大幅缩减的背景下，拆除黑水河干流大坝是增加喜流水生境鱼类生存空间的最有效和迅捷的方法。河道疏浚能有效改善黑水河局部河道水深不足、水力条件不佳的现状。但受现阶段项目经费和对电站经济利益的考虑，第一阶段（2017—2020 年）仅和老木河电站业主达成拆坝协议，拆除老木河坝体并封堵电站引水口，恢复松新—老木河坝址段的河道连通性。同时，顺应河势，对苏家湾、公德房、松新坝址以下减水河段的主泓进行疏浚，提高河道水深，恢复流态多样性。

（2）恢复河道自然形态及河床组成。根据黑水河自然河段的河道形态特点，对河道中水工建筑物等人为修建、堆积、挖深的部位进行拆除、挖除、填埋，塑造有利于鱼类产卵、休憩、嬉戏的河床形态。基于前期黑水河河床底质组成调查结果，对以上部位进行底质修复。

（3）修建鱼道。鱼道的成功与否是河流生态系统健康的评价指标之一，也是水利水电工程环境影响评价中生态环境保护的重要评价指标，鱼道的作用一方面是保护鱼类，另一方面是补偿大坝阻隔带来的负面影响，保持河道的连通性[29]。现阶段为实现鱼类洄游，黑水河生态修复工程涉及苏家湾、公德房、松新三个大坝的鱼道建设。为实现鱼道建设的有效性，前期需对黑水河保护和土著鱼种进行鱼类行为学研究，分析其对水流条件的需求；同时，通过物理模型和数学模型分析设计鱼道的进出口和池室内水深、流速等分布情况；另外，鉴于黑水河具备洄游习性的鱼类属于多次产卵鱼类，还需对鱼道下行问题进行研究和解决。

### 5.2 技术措施

（1）下泄生态流量，调节水文频率。根据 Tennant 法[30]，天然流量的 10%可以维持河道生物栖息地生存，鉴于黑水河各电站大坝枯期下泄流量不足多年平均流量的 10%，以及电站业主的经济利益考虑，现阶段暂以多年平均流量的 10%作为生态下泄流量。但以 10%作为生态流量远不能长期维持黑水河的河流健康。根据鱼类产卵期对水文条件的要求，除满足水量需求，还需考虑水文在季节、月内、日内的变化。因此，生态流量的下泄不应只是单一数值，还应进一步考虑自然状态下的水文节律。

（2）建立水环境和水生态监测系统。黑水河鱼类栖息地生态修复工程作为国内首个为补偿水库蓄水带来的负面效应，且以保护鱼类为目标的大型支流生态修复试验性工程，为了具体了解采取的拆坝、生态流量下泄、河道疏浚、底质改善、鱼道建设等措施对黑水河生态的修复效果，并积累山区河流生态修复的宝贵资料，需对黑水河水文、水质、鱼类资源及饵料生物、河床底质等进行监测、分析和评估。

（3）以科学研究和应用为导向的黑水河生态试验场建设。河流生态修复是一个多学科交叉的复杂研究课题，黑水河鱼类栖息地生态修复涉及水文、水动力、生物学、生态环境等学科。为实现生态修复目标，需要来自国内外的学者、专家、工程师等的共同努力，以黑水河为原型观测，结合室内试验等方式，将已有先进理论和经验应用于黑水河。

## 5.3 管理措施

（1）加强禁渔政策宣传和监管力度。根据《中华人民共和国渔业法》《四川省〈中华人民共和国渔业法〉实施办法》等相关法律法规，每年 3 月 1 日—6 月 30 日为禁渔期。虽然宁南和普格县政府和相关部门采取了禁渔、惩罚、教育等政策和措施，但是根据现场调查，黑水河流域仍然存在较为严重的电鱼和捕鱼行为。当地政府还需通过更为有效的方式提高群众的鱼类资源保护意识，如群众有奖举报、各村镇渔民走访教育、公众宣传、监管人员落实到村镇等。

（2）倡导使用绿色环保化肥、科学施肥等，减少并控制面源污染。选肥不当、施肥配比不当、施肥过量、施肥深度不当等是造成农村面源污染的主要原因[31]。黑水河沿岸以种植农作物尤其是桑树、烟草等为主，通过使用绿色环保型的肥料和掌握科学合理的施肥方法可以有效缓解和改善面源污染引起的水体污染问题。当地政府和农业部门等需对黑水河沿岸村镇施用化肥的种类、施用量、土壤污染情况等进行调查统计，并积极推广绿色环保化肥，提倡科学施肥。

（3）增强黑水河沿线居民河流保护意识，提高城镇生产和生活垃圾的处理强度和工艺，防治河流污染。通过村镇宣传教育、中小学环境保护教育、城镇垃圾/污水收集和处理系统完善等方法可有效减少污染物排放。

以上措施需要政府和公众的共同积极参与，才可从源头上有效阻止和减缓黑水河野生鱼类资源过度捕捞、河流面源污染、垃圾入河等现象。除提高公众的环境保护意识外，禁渔监管、科学购肥和施肥、垃圾处理等措施都需要财政和技术支持。

## 参考文献


[1] 吴江. 金沙江鱼类及发展渔业雏议[J]. 淡水渔业，1989（5）：3-9.

[2] 曹文宣. 长江鱼类资源的现状与保护对策[J]. 江西水产科技，2011（2）：1-4.

[3] 高少波，唐会元，乔晔，等. 金沙江下游干流鱼类资源现状研究[J]. 水生态学杂志，2013，34（1）：44-49.

[4] 张雄，刘飞，林鹏程，等. 金沙江下游鱼类栖息地评估和保护优先级研究[J]. 长江流域资源与环境，2014，23（4）：496-503.

[5] 郦凤山，等. 金沙江下游河段水电梯级开发环境影响及对策措施研究[M]. 北京：中国电力出版社，2011.

[6] 上海勘测设计研究院有限公司. 黑水河鱼类栖息地生态修复项目总体设计报告[R]. 上海：上海勘测设计研究院有限公司，2018.

[7] 黑水河河流生态修复规划课题组. 黑水河河流生态修复规划报告[R]. 上海：上海勘测设计研究院有限公司，2018.

[8] 杨志，龚云，董纯，等. 黑水河下游鱼类资源现状及其保护措施[J]. 长江流域资源与环境，2017，26（6）：847-855.

[9] 中国电建集团华东勘测设计研究院. 金沙江白鹤滩水电站环境影响报告书[R]. 杭州：中国电建集团华东勘测设计研究院，2014.

[10] 宋一清，成必新，胡伟. 黑水河鱼类优先保护次序的定量分析[J]. 水生态学杂志，2018，39（6）：65-72.

[11] 杨娜，梅亚东，尹志伟. 建坝对下游河道水文情势影响 RVA 评价方法的改进[J]. 长江流域资源与环境，2010，19（5）：560-565.

[12] Brian D Richter，Jeffrey V Baumgartner，Jennifer Powell，et al. A method for assessing hydrologic alteration within ecosystems[J]. Conservation Biology，1996，10（4）：1163-1174.

[13] 周波，龙治海，何斌. 齐口裂腹鱼繁殖生物学研究[J]. 西南农业学报，2013，26（2）：811-813.

[14] GB 3838—2002 地表水环境质量标准[S].

[15] 胡玲玲. 小水体微塑料的污染特征及其对水生生物的毒性效应[D]. 上海：华东师范大学，2019.

[16] Anbumani S，Kakkar P. Ecotoxicological effects of microplastics on biota：a review[J]. Environmental Science and Pollution Research International，2018，25（15）：14373-14396.

[17] Charlotte W，Katja B，Martin P，et al. Towards the suitable monitoring of ingestion of microplastics by marine biota：A review[J]. Environmental Pollution，2016，218：1200-1208.

[18] 段学花，王兆印，程东升. 典型河床底质组成中底栖动物群落及多样性[J]. 生态学报，2007（4）：1664-1672.

[19] Thomas N，Zongqiang X. Impacts of large dams on riparian vegetation：Applying global experience to the case of China’s Three Gorges Dam[J]. Biodiversity and Conservation，2008，17（13）：3149-3163.

[20] Yuhaibao，Penggao，Xiubin H. The waterlevel fluctuation zone of Three Gorges Reservoir—A unique geomorphological unit[J]. Earth-Science Reviews，2015，150：14-24.

[21] Xiaolei S，Christer N，Francesca P，et al. Soil erosion and deposition in the new shorelines of the Three Gorges Reservoir[J]. Science of the Total Environment，2017：1485-1492.

[22] Yuhai B，Xiubin H，Anbang W，et al. Dynamic changes of soil erosion in a typical disturbance zone of China's Three Gorges Reservoir[J]. Catena，2018，169：128-139.

[23] Nilsson C. Long-term responses of river-margin vegetation to water-level regulation[J]. Science，1997，276（5313）：798-800.

[24] 贺秀斌，鲍玉海. 三峡水库消落带土壤侵蚀与生态重建研究进展[J]. 中国水土保持科学，2019，17（4）：160-168.

[25] 苏维词. 三峡库区消落带的生态环境问题及其调控[J]. 长江科学院院报，2004（2）：32-34，41.

[26] 程瑞梅，王晓荣，肖文发，等. 消落带研究进展[J]. 林业科学，2010，46（4）：111-119.

[27] P M Holmes，K J Esler，D M Richardson，et al. Guidelines for improved management of riparian zones invaded by alien plants in South Africa[J]. South African Journal of Botany，2008，74（3）：538-552.

[28] 杨振冰，刘园园，何蕊廷，等. 三峡库区不同水文类型支流大型底栖动物对蓄水的响应[J]. 生态学报，2018，38（20）：7231-7241.

[29] 陈凯麒，常仲农，曹晓红，等. 我国鱼道的建设现状与展望[J]. 水利学报，2012，43（2）：182-188，197.

[30] Tennant D L. Instream flow regimens for fish，wildlife，recreation and related environmental resources[J]. Fisheries，1976，1（4）：6-10.

[31] 罗晓东，韩丽华，杨忠彬，等. 提高环保意识，科学合理施肥[J]. 业开发与装备，2019（5）：206，212.

# 引汉济渭工程三河口水库生态调度方案研究

李　瑛[1]　金　弈[2]　董磊华[2]　高学睿[3]　谭奇林[2]　刘　飞[2]

（1. 陕西省引汉济渭工程建设有限公司，西安 710010；2. 中国电建集团北京勘测设计研究院有限公司，北京 100024；3. 西北农林科技大学，杨凌 712100）

**摘　要**：引汉济渭工程是解决关中地区缺水问题的战略性调水工程，与南水北调中线工程的水源区部分重叠，开展生态调度研究，保障河流生态环境用水，对维护工程水源区的生态环境可持续发展具有重要意义。在保证国家南水北调中线工程安全运行的前提下，分析引汉济渭工程水源区洪水资源利用可行性，研究提出工程兼顾供水保证率目标的生态调度方案，为合理利用引汉济渭工程水源区的可用水量，充分发挥工程供水、生态等综合效益提供技术支撑。

**关键词**：引汉济渭工程；生态流量；洪水资源利用；生态调度；供水保证率

# Study on Reservoir Ecological Operation Scheme for Sanhekou Reservoir of Hanjiang-to-Weihe River Valley Water Diversion Project

**Abstract**：Hanjiang-to-Weihe River Valley Water Diversion Project is a strategic water diversion project to solve the problem of water shortage in Guanzhong area. The water source area of South-to-North Water Diversion Project and Hanjiang-to-Weihe River Valley Water Diversion Project overlaps. It is of great significance to carry out ecological operation research to ensure the ecological flow of the river and maintain the sustainable development of the ecological environment in the water source area of the project. On the premise of ensuring the safe operation of Middle Route Project of South-to-North Water Diversion Project，it is analyzed the feasibility of flood

---

基金项目：2013 陕西省科技统筹创新工程计划项目“环境影响与生态安全关键技术研究与示范”（2013KTZB03-01-03）；2020 年省水利科技项目“耦合预报信息的引汉济渭工程调度规则优化设计”（已立项）。

作者简介：李瑛（1968—），女，正高级工程师，博士，主要从事水库调度方面研究。E-mail：yingzhi_LI6168@sina.com。

resources utilization in the water source area of Hanjiang-to-Weihe River Valley Water Diversion Project, and put forward the ecological operation scheme of the project taking into account the target of water supply guarantee rate, so as to provide technical support for the rational utilization of the available water quantity in the water source area and the full play of the comprehensive benefits of water supply and ecology of the project.

**Keywords:** Hanjiang-to-Weihe River Valley Water Diversion Project; ecological flow; utilization of flood resources; ecological operation; water supply guarantee ratio

## 1 前言

引汉济渭工程是从陕南地区水资源相对富余的长江支流汉江流域调水进入缺水严重的渭河关中地区，以缓解渭河流域关中地区水资源短缺问题，改善渭河流域生态环境而计划兴建的重大基础工程[1]。根据《长江流域综合规划（2012—2030 年）》和国家发展改革委对陕西省引汉济渭工程各阶段的批复文件，引汉济渭工程规划近期多年平均调水 10 亿 $m^3$。

引汉济渭工程总体开发方案为以陕南汉江干流及其支流子午河为水源，以干流的黄金峡水库及其支流的三河口水库为调蓄水库，以黄金峡泵站、三河口泵站、秦岭输水隧洞（黄三段、越岭段）为调水工程，共同完成调水至关中受水区的工程开发任务[2]。

《关于引汉济渭工程环境影响报告书的批复》（环审〔2013〕326 号）要求：制订工程蓄水和运行调度环保方案，提出满足生态与环境要求的流量下泄过程线，确保下泄生态环境用水，水库蓄水和运行期间，黄金峡水利枢纽分别采用底孔和生态泄水闸泄放不少于 38 $m^3/s$ 的生态流量，三河口水利枢纽分别采用直径 800 mm 旁通管、引水渠和运行期生态放水管泄放不少于 2.71 $m^3/s$ 的生态流量。按照环境影响报告书批复要求及引汉济渭工程的实际需求，需要统筹引汉济渭工程黄金峡和三河口水库调度方式，综合考虑入库洪水、水库安全运行、下泄洪水超过下游地区防洪标准、下泄洪水减少导致下游生态环境用水不足等不确定性因素，探讨引汉济渭工程的生态调度方案。

引汉济渭工程与南水北调中线工程的水源区部分重叠，受制于南水北调中线工程，其大部分引水量主要在汛期，充分利用洪水资源，通过生态调度保障河流生态环境用水，对于维护工程水源区的生态环境可持续发展具有重要意义[3]。本文在保证国家南水北调中线工程安全运行的前提下，分析引汉济渭工程水源区洪水资源利用可行性，研究提出工程兼顾供水保证率目标的生态调度方案，为合理利用引汉济渭工程水源区的可用水量，充分发挥工程供水、生态等综合效益提供技术支撑。

## 2 洪水资源利用方式研究

在既定的工程规模条件下，研究供水工程的洪水资源化潜力，具有重要的现实意义。如何协调防洪与兴利之间的矛盾，在保证防洪功能的前提下，充分挖掘调蓄水库的供水潜力，是实现洪水资源化的重要途径。通过对三河口水库断面上游的洪水特征进行统计，分析三河口水库洪水资源利用可行性，得出如下结论：

（1）根据流域实测暴雨和洪水资料统计特征分析，三河口水库流域以暴雨洪水为主，汛期洪水发生率高，大多集中在主汛期7—9月。因此，三河口水库流域具备汛期分期条件。

（2）根据长系列汛期日降雨资料，采用分形理论法，将三河口水库流域汛期分为前汛期（6月1—30日）和主汛期（7月1日—9月30日）。

（3）按前汛期防洪调度不降低水库防洪标准的原则，通过调洪计算，得出三河口水库前汛期汛限水位最高可抬高至正常蓄水位（643 m）。

（4）通过抬高前汛期汛限水位，最大可在汛前增加有效兴利库容1 500万$m^3$，三河口可利用该部分库容调蓄水库汛期部分洪水资源，以提高供水量及供水保证率。

（5）根据实测径流资料对643 m的前汛期汛限水位方案进行调节计算，可得引汉济渭工程洪水资源化潜力为3 400万$m^3$。

（6）三河口洪水资源开发利用应注重前汛期水库兴利调度，制订详细的兴利调度计划，以充分发挥分期兴利库容“减弃水，增供水”的作用。

## 3 生态调度方案研究

基于调洪演算所得到的汛期分期洪水，适当抬高前汛期的汛限水位，基于生态优先（优先保障三河口水库下游生态流量）和供水优先（优先城镇生活、工业供水）两种调度方式，模拟了各方案下三河口水库调度过程，核算引汉济渭工程10亿$m^3$调水规模下，较基准方案（受允许可调水量限制的黄金峡、三河口水库两库联合调节调水10亿$m^3$，供水满足程度为79%）的变化，得到不同方案经洪水资源化利用后可增加的供水量，评估不同调水方案下的供水满足程度。

根据《关于引汉济渭工程环境影响报告书的批复》（环审〔2013〕326号），三河口水库需下泄不少于2.71 $m^3/s$（10%）的生态流量，本文基于生态优先的原则，在生态调度方案情景设置中除选取环评批复要求的10%（2.71 $m^3/s$）作为生态低流量方案，还增加了20%（5.42 $m^3/s$）作为生态高流量方案。同时，考虑生态优先、供水优先两种调度方式和前汛期汛限水位选取，将三者组合共拟定 6 个生态调度方案情景[4]，具体设置情况见表 1。

表 1　生态调度方案情景设置

| 三河口水库 | 基准方案 | 方案Ⅰ | 方案Ⅱ | 方案Ⅲ | 方案Ⅳ | 方案Ⅴ | 方案Ⅵ |
|---|---|---|---|---|---|---|---|
| 正常蓄水位/m | 643 | 643 | 643 | 643 | 643 | 643 | 643 |
| 前汛期汛限水位/m | 642 | 642.5 | 642.5 | 643 | 643 | 643 | 643 |
| 死水位/m | 558 | 558 | 558 | 558 | 558 | 558 | 558 |
| 生态流量（占多年平均流量比重）/% | 10 | 10 | 10 | 10 | 10 | 20 | 20 |
| 调度方式 | — | 生态优先 | 供水优先 | 生态优先 | 供水优先 | 生态优先 | 供水优先 |

将上述各方案参数输入调度模型，进行长系列兴利调节计算，获取各方案下供水过程及水库蓄泄变化，并与设计基准方案进行比较。根据供水满足程度的计算公式，最终得到各个不同方案对比指标汇总结果（见表 2）。

表 2　生态调度方案计算成果

| 方案 | 基准方案 | 方案Ⅰ | 方案Ⅱ | 方案Ⅲ | 方案Ⅳ | 方案Ⅴ | 方案Ⅵ |
|---|---|---|---|---|---|---|---|
| 供水量/亿 $m^3$ | 10.00 | 10.02 | 10.28 | 10.04 | 10.29 | 9.56 | 10.26 |
| 供水满足程度/% | 79.0 | 80.3 | 80.6 | 80.8 | 81.9 | 76.5 | 79.6 |
| 生态供水量/亿 $m^3$ | 0.63 | 0.85 | 0.47 | 0.85 | 0.47 | 1.62 | 0.79 |
| 生态流量满足程度（高约束）/% | 68.5 | 96.5 | 42.3 | 97.5 | 42.3 | 94.2 | 30.3 |
| 生态流量满足程度（低约束）/% | 84.4 | 100 | 71.4 | 100 | 71.4 | 92.5 | 61.2 |

注：生态高约束情景下，坝后下泄流量一旦低于规定下泄最小生态流量（2.71 $m^3/s$），即认为生态流量不能满足；生态低约束情景下，如果天然来水流量小于规定下泄最小生态流量，坝后下泄生态流量按坝址处天然实际来水进行下泄时，认为生态流量仍然能够满足。由于生态高约束情景是偏安全工况，因此本文后面的分析皆采用高约束生态流量情景。

由表 2 可以看出：

（1）供水优先的方案Ⅱ、Ⅳ、Ⅵ，供受水区水量增加较多，较基准方案分别增加 0.28 亿 $m^3$、0.29 亿 $m^3$、0.26 亿 $m^3$，供水保证率也有所提高，但生态流量满足程度受到较大影响，仅为 40%左右。其中方案Ⅳ（汛限水位 643 m、生态低流量需水）通过将前汛期的汛限水位提高至 643 m，同时考虑下游生态低流量需水，可增加总供水量 2 900 万 $m^3$，受水区供水满足程度为 81.9%，供水满足程度最高，生态流量满足程度在三个方案中也较高。方案Ⅳ实际供水量最高，为优先供水调度方式下的洪水资源化利用效果最佳的方案。

（2）生态优先的方案Ⅰ、Ⅲ、Ⅴ中，方案Ⅰ、Ⅲ供受水区水量较基准方案略有增加，方案Ⅴ较基准方案降低，但生态流量满足程度均有较大提升。其中方案Ⅲ（汛限水位 643 m、生态低流量需水）通过将前汛期的汛限水位提高至 643 m，同时考虑下游生态低流量需水，可增加总供水量 400 万 $m^3$，受水区供水满足程度 80.8%，供水满足程度在三个方案中最高，生态流量满足程度为六个方案中最高。方案Ⅲ为生态优先调度方式下的洪水资源化利用效果最佳的方案，同时也是六个方案中推荐的最优方案。

（3）方案Ⅴ与方案Ⅵ为生态高流量需水方案，这两个方案下均出现较不利指标值，具体为：方案Ⅴ（生态优先）下供受水区水量最低、供水满足程度最低；方案Ⅵ（供水优先）下生态流量满足程度最低。因此不推荐将生态流量提高至生态高流量方案。

综合考虑供水及生态用水保障程度，推荐采用方案Ⅲ，即前期汛限水位为 643 m、生态低流量需水、生态优先供水方式，该方案下多年平均供水量 10.04 亿 $m^3$，受水区多年长系列供水保证率 80.8%，生态供水量 0.84 亿 $m^3$，多年长系列生态流量满足程度为 97.5%（生态高约束）和 100%（生态低约束）。

## 4 生态效果比选研究

通过将推荐方案Ⅲ与基准方案（引汉济渭既定调水方案）对比分析，评价了方案Ⅲ对三河口水库下游生态的影响；同时，分析了该方案对引汉济渭工程受水区供水满足程度的影响，得出以下基本结论：

（1）分析比较推荐方案和基准方案下三河口水库下游逐旬的生态供水量及过程，推荐方案下三河口水库下游年均生态供水量与基准方案相比显著增高，增高幅度达 34.9%。长系列过程来看，推荐方案下三河口水库下游河道长系列生态流量满足程度为 97.5%，与基准方案下的 68.5%相比显著增加。同时，研究发现推荐方案 50%典型平水年和 10%典型丰水年的生态供水满足程度均达到 100%，即使在 95%典型枯水年，推荐方案下的生态供水保证率也达 97.2%，由此说明，三河口水库洪水资源化利用推荐生态调度方案对提升水库下游河道生态环境作用十分显著。

（2）推荐方案下，引汉济渭工程多年平均年供水量为 10.04 亿 $m^3$，与基准方案相比提高了 400 万 $m^3$ 的供水量，增幅仅为 0.4%。不过从供水时间过程来看，推荐方案下旬供水量大于基准方案的旬数为 35 旬，改善了供需过程。总体来看，推荐方案与基准方案相比对引汉济渭工程供水量的提升是有一定效果的，但从总供水增量来看增幅有限。

## 5 结语

通过研究，得出主要结论如下：

（1）根据长系列汛期日降雨资料并结合流域产汇流条件，采用分形理论法，将引汉济渭工程的三河口水库流域汛期分为前汛期和主汛期两个阶段。同时，根据前汛期防洪调度不降低水库防洪标准的原则，通过调洪计算，得出三河口水库前汛期汛限水位最高可抬高至正常蓄水位 643 m。

（2）研究认为，将三河口水库前期汛限水位抬高至 643 m，且在保证三河口水库下游生态流量 2.71 $m^3/s$ 的情况下，引汉济渭工程受水区多年平均实际供水量为 10.04 亿 $m^3$，供水保证率 80.8%，可以显著提高下游河道生态基流满足程度。在典型枯水年、平水年和丰水年均可以使三河口下游河道生态基流满足程度达到 97%以上，显著提升了工程的生态效益。

（3）考虑未来三河口上游流域来水的不确定性，洪水资源化的生态调度方案将会给三河口水库前汛期带来一定的潜在防洪风险。研究认为，必须在加强和提升三河口水库上游洪水预报能力（尤其是前汛期）的基础上采用推荐的生态调度方案才是更稳妥、更科学的选择。

## 参考文献

[1] 王伟，钟永华，雷晓辉，等. 引汉济渭工程水源区与受水区丰枯遭遇分析[J]. 南水北调与水利科技，2012，10（5）：23-36.

[2] 徐国鑫. 引汉济渭工程水源区和受水区丰枯遭遇规律分析[J]. 陕西水利，2017，207（4）：25-27.

[3] 黄强，赵梦龙，李瑛. 水库生态调度研究新进展[J]. 水力发电学报，2017，36（3）：1-11.

[4] 谭奇林，金弈，董磊华，等. 引汉济渭工程洪水资源利用专题研究[R]. 北京：中国电建集团北京勘测设计研究院有限公司，2019.

# 引调水工程对调蓄湖泊生态环境的影响分析

罗　乐[1]　张　信[1]　李露云[2]　赵雪冰[3]　强继红[1]

（1. 中国电建集团昆明勘测设计研究院有限公司，昆明 650000;

2. 丽江拉市海高原湿地省级自然保护区管护局，丽江 674100;

3. 昆明鸟类协会，昆明 650000）

**摘　要**：引调水工程利用天然湖泊调蓄，将引起调蓄湖泊水文情势、水质发生一定变化，对与湖泊水环境关系密切的水生生物、湖滨植被、湿地鸟类产生影响。以金沙江某提水工程方案比选阶段利用拉市海调蓄方案为例，采用图形叠置法、类比分析法、生态机理法等方法，分析工程运行对拉市海水生生物、湖滨植被、湿地鸟类的影响。为引调水工程对调蓄湖泊的生态环境影响分析提供工作思路和方法借鉴，并为类似工程方案的科学决策提供参考。

**关键词**：引调水；调蓄；湖泊；生态影响

# Ecological Impact Analysis of Storage Lakes in Water Diversion Project

**Abstract**：Water diversion project use natural lake for regulation and storage. Hydrologic regime and water quality will change. Aquatic ecosystem，vegetation and wetland bird which are closely related to water environment will be also affected. Jinshajiang water diversion project was selected as research subjects in this text to analyze ecological impact. Working concepts and methods in this text can be used in other similar projects. Research conclusions in this text can provide references for scientific decision.

**Keywords**：water diversion；storage；lake；ecological impact

---

作者简介：罗乐（1988—），女，硕士研究生，高级工程师，主要从事水利水电工程环境影响评价、环境保护设计相关工作。E-mail：598381322@qq.com。

## 1 引言

丽江是云南省的旅游门户，由于气候偏干旱，资源性缺水比较突出。随着旅游业、城市建设的快速发展，2030 年丽江坝区人均水资源量将少于 300 $m^3$，处于极度缺水状态[1]。本区水资源已没有开发潜力，丽江坝区的缺水只能依靠更大范围的金沙江调水解决[2]。金沙江某提水工程的任务是解决丽江坝区城镇生活、工业和古城区生态景观用水。工程方案比选阶段对输水线路曾提出经拉市海调蓄和直供水无调蓄两种方式。利用拉市海调蓄在减少工程规模、减轻泥沙问题方面有一定优势。该方案从丽江市玉龙县与迪庆州香格里拉市交界的金沙江干流河段上取水，设计提水流量约 2.4 $m^3/s$，全年提水，设计提水量约 6 800 万 $m^3$，利用丽江市已实施的拉市海调蓄水工程库容对引调水进行调蓄。

拉市海位于丽江市玉龙县拉市镇，南北长约 9.3 km，东西宽约 8.2 km，最大水深约 7.5 m，平均水深 4.55 m，常年水域面积 933.4 $hm^2$[3]。1998 年建立云南丽江拉市海高原湿地省级自然保护区，2004 年成为国际重要湿地。自然保护区拉市海片区划分为核心区、季节性核心区和实验区。其中，核心区为 2 439.6～2 442.8 m 水位线之间的湖滨水陆交错地带，季节性核心区为 2 439.6 m 水位线以下的湖盆深水区，保护时间为每年 9 月上旬至来年 4 月中旬。工程引水入拉市海将对与湖泊水环境关系密切的水生生物、湖滨植被和湿地鸟类等产生影响。

## 2 水生生物影响分析

对工程水源区及调出区（金沙江石鼓至大具乡）、受水区拉市海进行了水生生态调查，水生生物调查情况对比见表 1。

表 1 金沙江干流和拉市海水生生物调查情况

| 调查水域 | 浮游植物 | 浮游动物 | 底栖动物 | 鱼类 |
| --- | --- | --- | --- | --- |
| 金沙江干流河段 | 5 门 22 科 42 种，密度 24 750 个/L | 14 科 27 种，平均密度 565 个/L | 3 门 4 纲 15 种，密度为 312 个/$m^2$ | 3 目 8 科 31 属 40 种 |
| 拉市海 | 6 门 21 科 42 种，密度 36 400 个/L | 23 科 32 种，密度为 1 425 个/L | 3 门 4 纲 16 种，密度为 572 个/$m^2$ | 5 目 10 科 19 属 20 种 |

调查分析表明，金沙江为清洁型河流，水生生物主要表现为河流相，拉市海水体清澈，水质良好，水生生物主要表现为湖泊相，均以硅藻为主，表征水体比较清洁。拉市海属于金沙江流域，两水体水生生物很多种类都是一样的。金沙江水流进入拉市海，会将金沙江

栖息的浮游生物、底栖动物一起带入拉市海，拉市海的水生生物种类在局部时段、局部区域会更加丰富。由于引水对拉市海水文情势有一定影响，对水温、水质基本没有影响，对水生生物的生境影响很小，因此不会对拉市海浮游生物及底栖动物结构造成明显改变。总体上讲，工程引水进入拉市海后不会对拉市海浮游生物、底栖动物群落现状造成明显改变。金沙江调查河段主要渔获物为圆口铜鱼、短须裂腹鱼、长丝裂腹鱼、鲤、细尾高原鳅、长须石爬鮡；拉市海主要渔获物为麦穗鱼、鲫鱼。运行期可能存在金沙江栖息的幼鱼或者鱼类受精卵通过提水工程进入拉市海，但金沙江干流栖息的土著鱼类基本均为适应急流环境的种类，进入拉市海并存活下来进行繁衍的可能性较小，拉市海历史记录的土著鱼类小裂腹鱼、秀丽高原鳅已经基本绝迹，外来水源对鱼类资源的改变较小。

## 3 湖泊植被影响分析

工程运行后，拉市海水位和水域面积将发生一定变化，将对湖滨植被的分布和面积产生一定影响。以平水年为例，工程运行后年平均水位较天然情况上升 0.82 m，湖滨带分布的铁线草+杂草类草甸将因淹没而受到损失，同时挺水植物群落、浮叶植物群落由于对水深有要求，拉市海水位上升、水域面积扩大时，部分挺水植物群落、浮叶植物群落分布区域将不再适宜原有群落的生存，这部分挺水植物群落、浮叶植物群落将会被其他浮叶与漂浮植物群落或沉水植物群落所替代，同时在新出现的浅水区域将会有适宜的挺水植物群落、浮叶植物群落发育，形成新的更多的分布区。对于沉水植物而言，部分沉水植物群落分布区域的水深加深将不再适宜其生长，这部分沉水植物群落会逐渐衰退，取而代之的是更加适应深水区域的沉水植物群系，而工程引水也将形成大量适宜沉水植物群落发育的区域。结合拉市海湖周地形，对 2 443.6 m 以下的湖滨带水位进行预测分析，工程运行后拉市海湖滨草甸植被和水生植被适宜生境变化见表 2。

**表 2 工程运行后平水年拉市海湖滨草甸植被和水生植被适宜生境变化情况**

| 植被类型 | 代表植物 | 适宜水深/cm | 天然情况下适宜面积/$km^2$ | 工程运行后平水年适宜面积/$km^2$ | 变化情况/% |
|---|---|---|---|---|---|
| 草甸植被 | 铁线草 | 水面线上至 2 443.6 m | 3.95 | 2.04 | −48.35 |
| 挺水植被 | 蓼类 | ≤50 | 0.74 | 0.95 | +28.38 |
| | 喜旱莲子草 | 5～10 | 0.14 | 0.16 | +14.29 |
| | 芦苇 | 40～100 | 0.85 | 1.45 | +70.59 |
| | 菖蒲 | 20～50 | 0.74 | 0.95 | +28.38 |
| 浮叶植物 | 荇菜 | 30～60 | 0.85 | 1.45 | +70.59 |
| | 野菱 | 40～80 | 0.85 | 1.45 | +70.59 |
| | 竹叶眼子菜 | 20～40 | 0.59 | 0.78 | +32.20 |

由表2可知，工程引水入拉市海后，随着拉市海水位的提升，草甸植被将萎缩，湖泊水生植被的面积将增大。西南林业大学、国家高原湿地研究中心曾对2009年拉市海调蓄水工程实施以来至2011年拉市海湖滨植被的影响进行研究，表明淹水过程影响下，植物群落呈草甸植物群落、沼泽植物群落、湖泊水生植物群落的逆向演替格局，群落镶嵌分布的景观格局明显改变[4]。由于水位上升，淹水影响一致，金沙江某提水工程利用拉市海调蓄方案将会对湖滨植被和植物群落造成相似的改变。

# 4 越冬鸟类影响分析

## 4.1 越冬鸟类数量和种类分析

拉市海作为云南省主要的候鸟越冬驿站之一，水禽种类和数量丰富，工程引水入拉市海调蓄方案，对拉市海水禽的影响分析尤为重要。根据拉市海鸟类观测资料，拉市海水鸟越冬期随时间的推移，种类及数量变化具有一定的规律性。在冬候鸟到来之前，拉市海鸟类数量不多，以黑水鸡、小鸊鷉等留鸟为主，白骨顶是到达拉市海较早的候鸟，也是整个越冬期拉市海种群数量最大的鸟类，11月下旬后大规模雁鸭类到达拉市海越冬，成为除白骨顶外种群规模较大的越冬鸟类，次年3月白骨顶、雁鸭类等开始集中迁离拉市海，4月大多数在拉市海越冬的鸟类均已迁离，拉市海鸟类种群数量急剧下降。拉市海鸟类以越冬水禽为主，其中白骨顶的数量明显多于其他鸟类，高峰时期能达到近9万只，占拉市海鸟类数量的90%左右。其他种群数量较大的鸟类有灰雁、红头潜鸭、凤头潜鸭、赤嘴潜鸭、针尾鸭、赤膀鸭等，它们在拉市海越冬的数量规模都在千只以上（见图1和图2）。

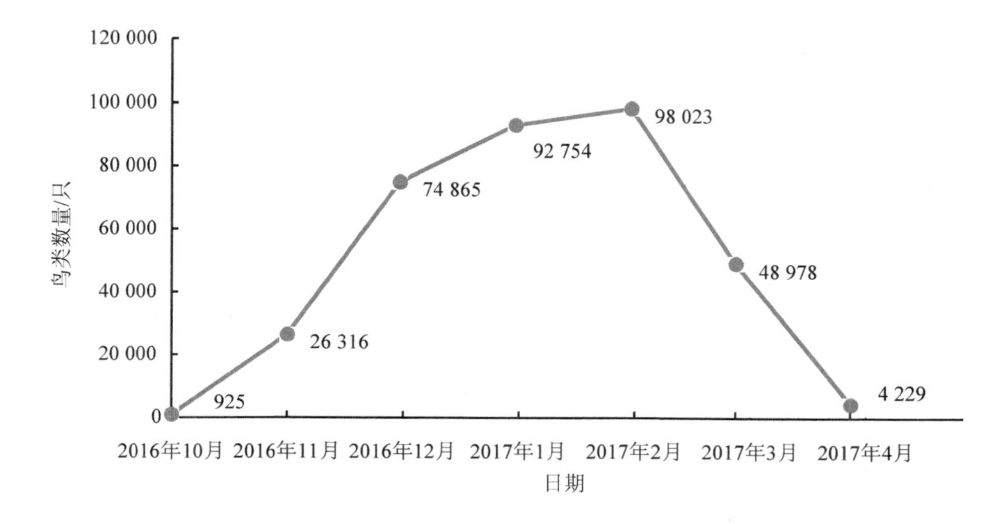


图1 2016—2017年越冬期拉市海鸟类数量变化

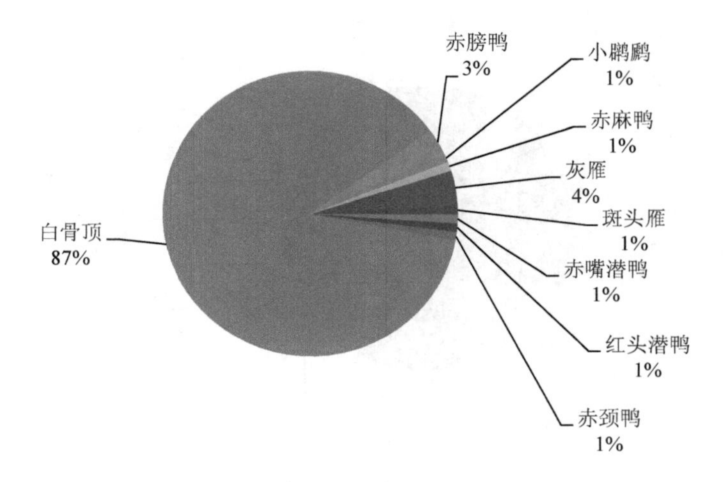


2014 年 2 月监测鸟类数量分布及组成

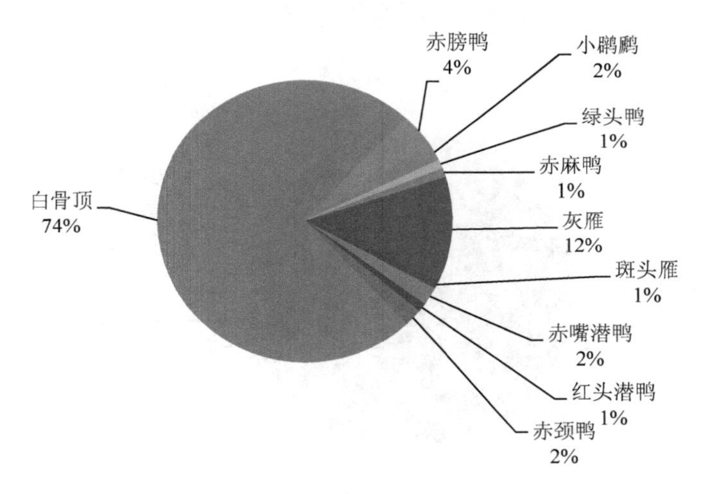


2014 年 11 月监测鸟类数量分布及组成

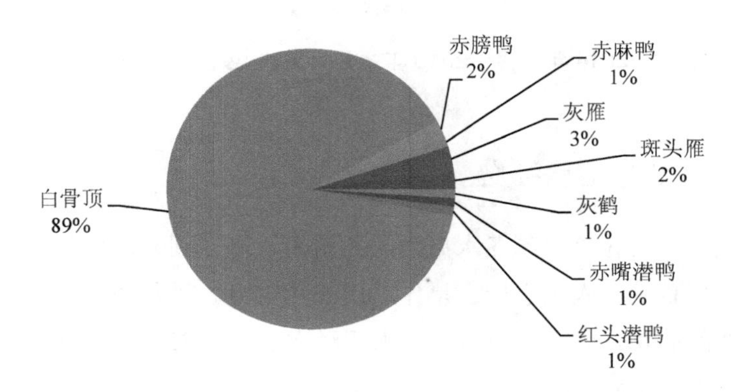


2014 年 12 月监测鸟类数量分布及组成

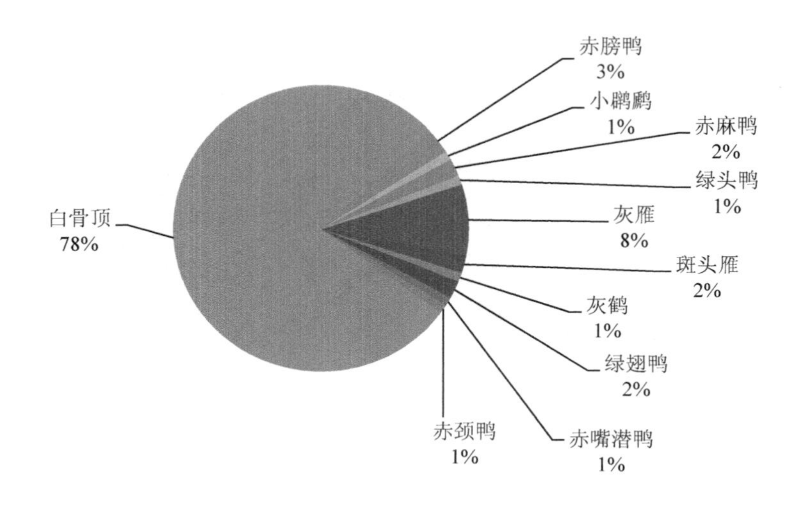


2015 年 1 月监测鸟类数量分布及组成

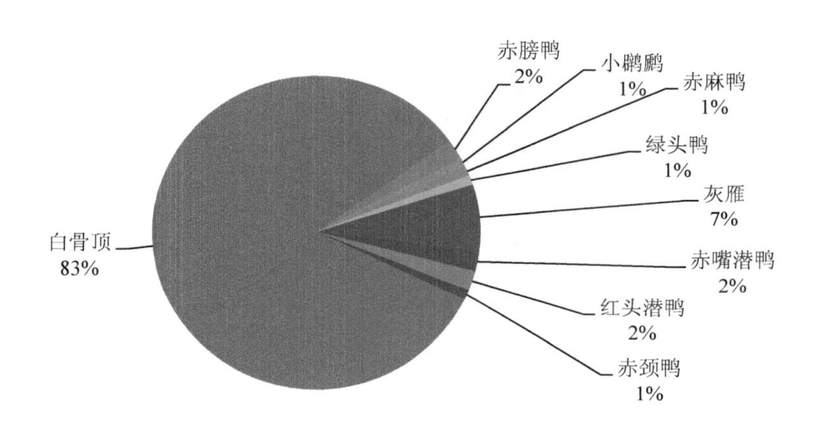


2015 年 3 月监测鸟类数量分布及组成

**图 2 2014 年 2 月—2015 年 3 月鸟类种类数量随时间变化情况**

## 4.2 拉市海水禽栖息生境组成

根据现场调查，对拉市海越冬水禽栖息利用生境进行划分，可划分为湖泊明水面区、浅水沼泽、农田撂荒地、人工水塘、旱作农田 5 种生境。对各个生境面积进行统计分析，其中湖泊明水面区面积最大，占 39%；浅水沼泽次之，占 32%；农田撂荒地及人工水塘比重较小，分别仅占 3%及 5%。

拉市海水禽从其生态型划分，可以分为游禽和涉禽两大类，共 77 种。湖泊明水面区为拉市海深水区域，共有 35 种水鸟，包括鹈鹕科 3 种、鸬鹚科 1 种、鸭科 26 种、秧鸡科 1 种、鸥科 4 种。浅水沼泽属拉市海浅水区域，长有沉水植物、浮水植物及挺水植物，可为水鸟提供觅食、隐蔽场所，生境较为复杂多样，因此该生境类型共有 77 种水鸟，涵盖了拉市海所有水鸟种类，该生境类型与明水面区相比，出现了鹭科 11 种、鹳科 2 种、鹮科 2 种、鹤科 3 种、秧鸡科 5 种（白骨顶除外）、彩鹬科 1 种、鸻科 5 种、鹬科 11 种、反嘴鹬科 1 种、瓣蹼鹬科 1 种共 42 种水鸟。农田撂荒地为农田丢荒后形成，该生境可为灰鹤、灰雁、斑头雁、凤头麦鸡等提供上岸栖息及隐蔽的场所，利用该生境的水鸟种类共有 9 种，分别为灰雁、豆雁、斑头雁、赤麻鸭、灰鹤、黑颈鹤、白头鹤、凤头麦鸡、灰头麦鸡，但常见种仅有灰雁、豆雁、斑头雁、赤麻鸭、灰鹤、凤头麦鸡、灰头麦鸡 7 种。人工鱼塘为拉市海周边人工开挖的湿地，为人工湿地恢复区，栖息的水鸟种类有 64 种，仅次于浅水沼泽生境，由于生境面积较小，水鸟数量较少。旱作农田为拉市海周边农田，主要种植小麦、青稞、玉米等旱作农作物，冬季作物收割后，往往成为灰雁、豆雁、斑头雁、赤麻鸭、灰鹤等的觅食场所，该生境由于距离人为活动区域较近，活动的水鸟种类较少，共有 7 种（见图 3）。

在湖泊明水面越冬的赤嘴潜鸭、白骨顶　　在农田撂荒地活动的灰鹤

在农田撂荒地栖息的斑头雁　　在浅水沼泽活动的赤麻鸭及灰鹤

**图 3　拉市海水禽生境类型分布**

## 4.3 调蓄方案对湿地鸟类生境及水鸟种类、数量的影响

以平水年为例，工程利用拉市海调蓄方案蓄水水位与天然水位相比，平均水位增加0.82 m，最大水位增加0.45 m，最小水位增加0.07 m，水位变化范围为0.45～0.82 m，引起的面积变化为水域面积扩大 0.860～1.801 $km^2$。拉市海水位上升，改变了水禽可利用的适宜区域面积，这对不同类型的水禽，其影响程度是不一样的。对于鸊鷉、白骨顶等主要漂浮在水面上的鸟类，水位升高、水域面积的增大对其是有利的，它们能获得更多的活动空间。而对于雁鸭类、鸥类等其他游禽来说，虽然这类水禽的大多数活动和觅食是在水上进行的，但它们也往往会上岸休息和取食一些补充性食物，水位上升会造成适宜其上岸活动的陆地生境减少，剩余生境与人类活动频繁区域更为接近，易受人类活动的影响。水位上升影响最大的是在浅水沼泽活动的涉禽类，它们适宜的活动生境被直接压缩，短期内致使其觅食地减少，当水位在较高水平运行一段时期后，随着新的湖滨带生态系统形成，也可能形成新的适宜涉禽觅食的浅水区、沼泽等生境，由于这些新形成的区域更靠近人类活动频繁区，易受更多人类活动的影响，可能使拉市海涉禽的种群规模下降。

按拉市海水鸟生境类型划分，浅水沼泽区域随着水位上升往湖泊四周地势较低处向外推移，将引起旱作农田、农田撂荒地面积减少 20.24%～39.45%，灰鹤等主要利用旱作农田、农田撂荒地作为觅食区域，这些生境的减少可能会导致其数量受到影响（见图4）。

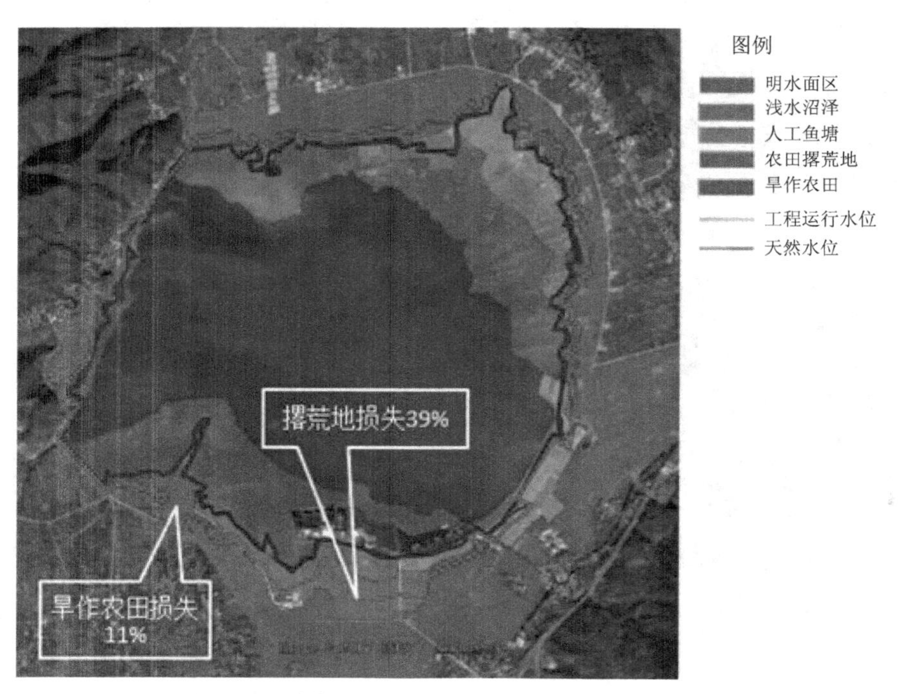


图4 平水年工程运行对越冬鸟类栖息地的影响

## 5 结论

本文在现状生态调查的基础上，结合工程运行特点，采用图形叠置法、类比分析法、生态机理法等进行生态影响分析，得出以下基本观点：①拉市海属于金沙江水系，总体上讲，二者水生生物具有相似性，拉市海调蓄工程提水后水流进入拉市海不会对拉市海浮游生物、底栖动物群落现状造成明显改变，对鱼类资源的影响也较小。②由于水位抬升，湖滨带植被变化趋势为草甸植被将萎缩，湖泊水生植被的面积将增大，植物群落分布格局将发生变化。③作为著名的候鸟越冬地，拉市海越冬鸟类以白骨顶、灰雁、斑头雁等游禽为主，受水位变化影响不大，但对于灰鹤等主要利用旱作农田、农田撂荒地作为觅食区的涉禽，水位抬升对其数量可能造成较大影响。类似引调水工程对调蓄湖泊的生态环境影响分析，可参考本文的工作技术路线（见图5）。

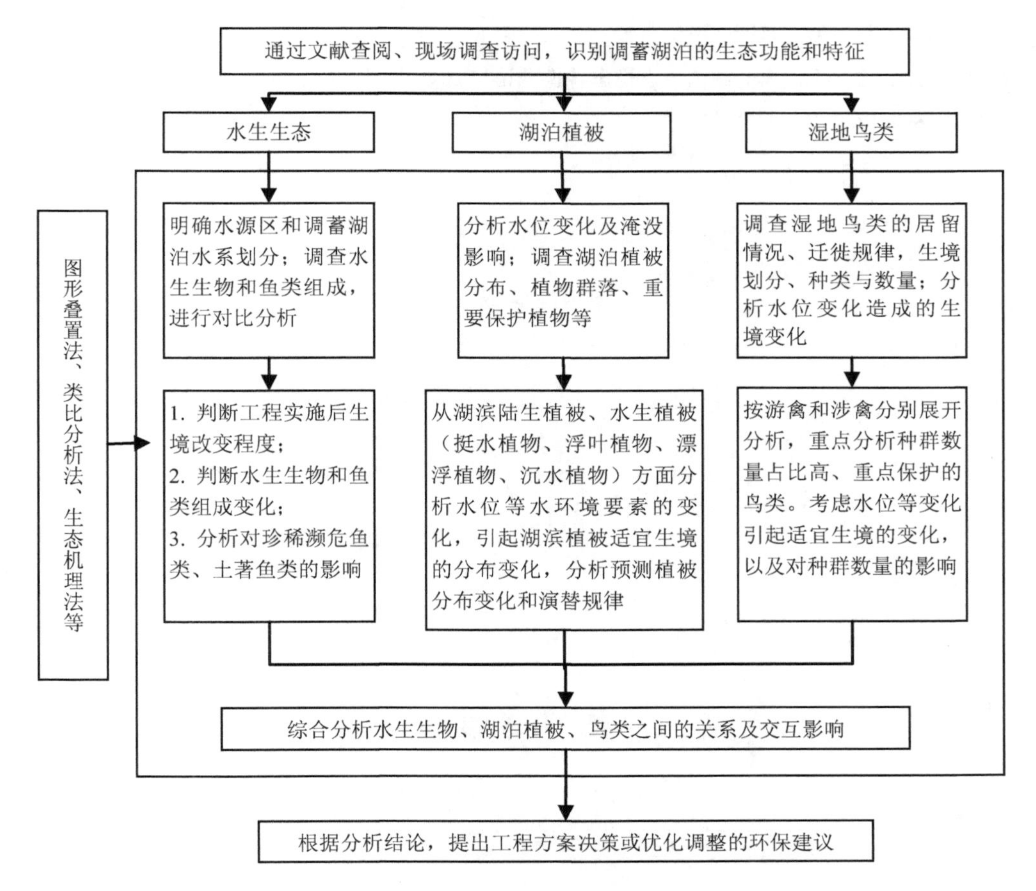


图5 工作技术路线

必须注意到，生态环境影响具有长期性、系统性和累积性特点[5]，如湖滨带植被、植物群落的变化也会对越冬水禽的栖息生境、食物组成等产生影响，金沙江水的长期注入、泥沙的长期积累等对水生生物的影响也需要进行长期监测、研究。

## 参考文献

[1] 丽江市人民政府. 丽江市城市总体规划（2010—2030 年）[R]. 昆明：云南省城乡规划设计研究院，2010：7-8.

[2] 云南省水利厅. 丽江坝区生态水网建设规划[R]. 昆明：云南省水利水电勘测设计研究院，长江水利委员会长江科学院，2016：69.

[3] 杨岚，李恒，杨晓君，等. 云南湿地[M]. 北京：中国林业出版社，2010：45-51.

[4] 黄余春，田昆，岳海涛，等. 筑坝蓄水过程对高原湿地拉市海湖滨植被的影响[J]. 长江流域与资源环境，2012，21（10）：1197-1203.

[5] 赵磊，刘永，李玉照，等. 湖泊生态稳态转换理论与驱动因子研究进展[J]. 生态环境学报，2014，23（10）：1697-1707.

# 梯级开发库尾生态水文情势评价
## ——以湘江干流归阳站为例

曹艳敏[1]　乾东岳[2]　王崇宇[3]

（1. 湖南水利水电职业技术学院，长沙 410131；

2. 交通部天津水运工程科学研究院，塘沽 300000；

3. 长沙理工大学水利工程学院，长沙 410004）

**摘　要**：已有梯级开发对河道水文情势影响研究集中在梯级下游河段，针对两梯级间尤其是库区尾部的研究较为罕见。为定量评价流域梯级开发对库区尾部的生态水文情势影响，以湘江干流湘祁、近尾洲两梯级间归阳水文站为研究对象，采用水文变化指标法及变动范围法（IHA-RVA）定量分析其生态水文变化情况，以电站蓄水时间为分界点，将水文序列划分为三个阶段，第一阶段为天然河道情况（1961—2001 年）、第二阶段为下游近尾洲电站蓄水（2002—2011 年）、第三阶段为上游湘祁电站蓄水（2012—2015 年）。结果表明：下游电站蓄水导致库区尾部水位高度改变（67%）、流速中度改变（53%）、流量低度改变（23%），上下游电站联合运行下水位高度改变（83%）、流速中度改变（45%）、流量中度改变（54%）；上游电站的运行坦化了库区尾部的流速变异程度，使流速年极值及发生时间更接近天然状况；梯级开发后库尾的水位低脉冲特征基本消失，高脉冲历时显著增加；下游电站蓄水对库尾流量、流速脉冲影响较小，而上游电站的运行缩短了流量低脉冲历时和流速高脉冲历时，变异度达到 100%，趋向不利。

**关键词**：日调节电站；梯级开发；库区尾部；IHA-RVA 法

---

作者简介：曹艳敏（1983—），女，工程师，博士，主要从事生态水力学工作。E-mail：179276781@qq.com。

# Evaluation of Eco-hydrological Situation at the Backwater Zone of Cascade Development Reservoir Area: Taking Guiyang Station on Xiangjiang River as an Example

**Abstract:** Existing cascade development of river hydrology situation impact study focused on the downstream river cascade, study especially at the backwater zone of the reservoir area between the two cascade is relatively rare. In order to quantitatively evaluate the impact of cascade development on the eco-hydrological situation at the backwater zone of the reservoir area, in this paper, the Guiyang hydrological station between the two cascades of Xiangjiang river main stream, Xiangqi and Jinweizhou, is taken as the research object, and the hydrologic change index method and the variation range method (IHA-RVA) are used to quantitatively analyze the eco-hydrologic change. Taking the water storage time of the power station as the dividing point, the hydrological sequence is divided into three stages: the first stage is natural river conditions (1961-2001), the second stage is the water storage of the downstream Jinweizhou power station(2002-2011), and the third stage is the storage operation of the upstream Xiangqi power station (2012-2015). The results show that the water storage of the downstream power station leads to the change of the water level height at the backwater zone of the reservoir area (67%), the moderate change of the flow velocity (53%), the low change of the flow rate (23%), the storage operation of the upstream power station leads to the change of the water level height change (83%), the moderate change of the flow velocity (45%), and the moderate change of the flow rate (54%); the operation of the upstream power station calmed the velocity variation degree at the backwater zone of the reservoir area and makes the annual velocity extremum and occurrence time closer to the natural condition; after the cascade development, the characteristics of low water level pulse at the backwater zone of the reservoir disappeared, while the duration of high pulse increased significantly; the downstream power station impounding has little effect on the flow rate and velocity pulse at the backwater zone of the reservoir, while the operation of the upstream power station shortens the low flow pulse duration and high flow velocity pulse duration, and the variation degree reaches 100%, which tends to be unfavorable.

**Keywords:** daily regulating hydropower station; cascade development; backwater zone of reservoir area; IHA-RVA

## 1 研究背景

天然的水文情势是河流生态系统的关键驱动因素，决定着河流形态及地形地貌，影响着河流生态系统的物质循环、能量过程、物理栖息地状况和生物相互作用等，进而影响着生物群落结构的稳定[1-2]。流域梯级开发在开发利用流域的防洪、发电、灌溉、航运等功能的同时，改变了天然河流水文情势，进而影响了天然河流的水温、水环境、泥沙输移、地形地貌及生态系统[3]。

我国关于梯级开发对流域水文情势影响研究是一个由定性[3-5]到定量[6-11]的过程。目前，定量化研究流域梯级开发水文情势影响的研究有：彭少明[7]针对不同工程运行时期，运用多系列贡献率分割法和水文变化指标（Indicators of Hydrologic Alteration，IHA）法，量化不同影响因子对黄河上游水文情势变化的贡献率；张洪波[8]采用变动范围（Ranges of Variability Approach，RVA）法对黄河上游梯级水库运行引发的在时间和空间上水文条件的累积变异特性进行定量化研究；陈栋为[9]以东江流域为例，采用 IHA-RVA 法计算了不同水利工程开发对河流水文情势的改变度；张爱民[10]应用 RVA 法对长江干流屏山、寸滩、宜昌、汉口 4 个水文站进行分析，以得出该流域梯级开发对干流的生态水文情势影响；曹艳敏[11]应用 RVA 法对日调节型电站库区中部的生态水文情势进行定量评价。已有生态水文情势影响研究多集中在梯级开发对整体梯级下游河段地区，少数针对电站库区研究[11]侧重在库区的中部地区，而针对库区尾部的研究尚为空白。梯级间、电站库区尾部不仅是下游梯级的库区尾部，也是上游梯级的坝下地区，同时受到上游电站调度和下游电站回水的双重影响，上下游电站的累积效应作用显著。

本文通过 IHA-RVA 法科学定量分析湘江干流湘祁、近尾洲两座日调节电站组成的梯级开发对电站间河道库区尾部的生态水文情势影响，并分析其成因。研究梯级开发库区尾部生态水文情势变化，既填补了该区域的研究空白，又定量分析了梯级开发对该研究区域生态水文的累积效应，也为改善日调节型电站梯级开发对河流生态系统的影响提供了一定的技术支撑。

## 2 研究对象

归阳水文站建成于 1961 年，控制流域面积 27 983 $km^2$，位于永州市归阳镇，湘祁电站下游 5.86 km，近尾洲库区末端，距近尾洲电站 42 km。湘祁、近尾洲两座电站，均为典型的低水头、径流式、日调节电站。湘祁电站位于湘江干流永州市境内，2012 年建成蓄水，控制流域面积 27 118 $km^2$，正常蓄水位 75.5 m（85 国家高程）；近尾洲电站位于湘江干流衡阳市境内，湘祁电站下游，2002年建成蓄水，控制流域面积28 597 km²，正常蓄水位66.1 m（85国家高程）（见图1）。

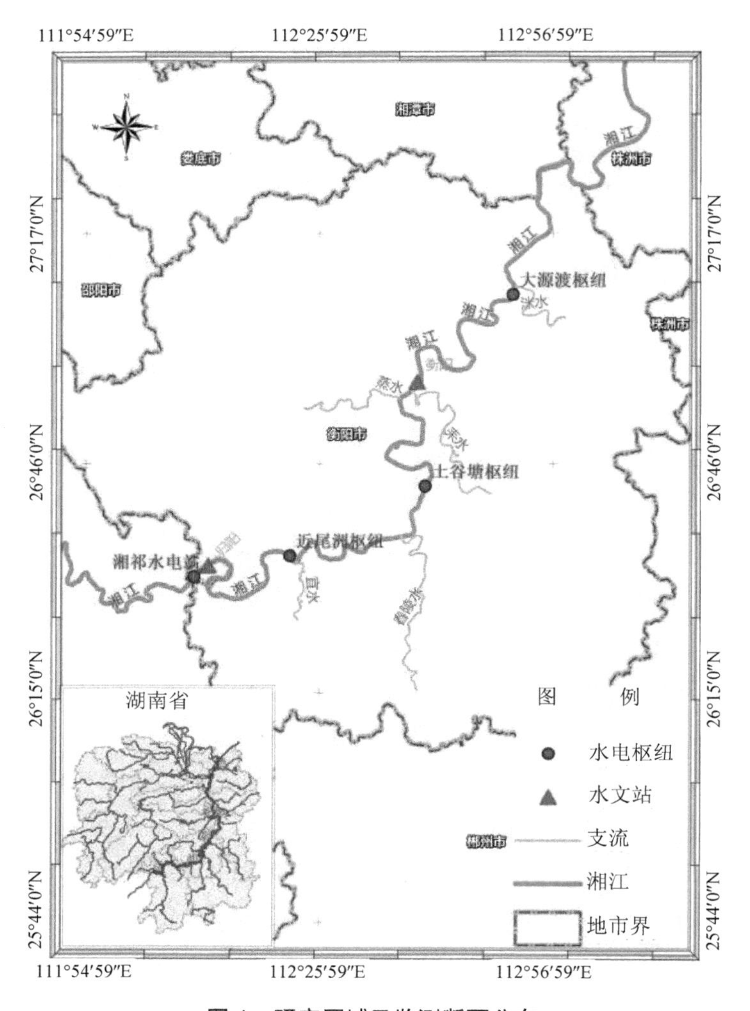


**图1　研究区域及监测断面分布**

本文采用的数据资料主要包括：1961—2015年归阳水文站逐日流量、水位资料（由湖南省水文水资源勘测局提供）及归阳水文站河道断面实测数据。逐日流速$V_i$用式（1）推求。

$$V_i = Q_i / A_i \tag{1}$$

式中：$Q_i$为逐日流量；$A_i$为$Q_i$流量下对应的过水断面面积，结合归阳水文站所在断面水下地形及$Q_i$流量对应水位$H_i$求出。

# 3 研究方法

## 3.1 水文变化指标法（IHA 法）

1996 年，Richter 等[12]提出水文变化指标法，该方法主要以水文条件的量、时间、频率、延时和变化率 5 种基本特征为基础，根据其统计特征划分为 5 组，32 个指标[11]。IHA 各指标与河流生态系统密切相关[13-14]，由于 IHA 具有丰富的生态信息，且易采集，因此常用来评价水文系统变化的程度及其对生态系统的影响，尤其适用于受人类活动影响的河流。

## 3.2 变动范围法（RVA 法）

1997 年，Richter 等提出变动范围法（RVA 法），该法建立在水文变化指标法（IHA 法）的基础上，利用建立的生态水文指标[11]评价受水利工程影响的河流水文情势[15-16]。为了量化指标受干扰后的变化程度，Richter 等建议以改变度来评估，其定义如下：

$$D_i = \left|\frac{N_{oi} - N_e}{N_e}\right| \times 100\% \tag{2}$$

式中：$D_i$ 为第 $i$ 个 IHA 指标的水文改变度；$N_{oi}$ 为第 $i$ 个 IHA 指标受干扰后的观测年数中落在 RVA 目标阈值内的年数；$N_e$ 为受干扰后 IHA 指标预期落入 RVA 目标阈值内的年数，可以用 $r \cdot N_T$ 来评估，其中，$r$ 为受干扰前 IHA 指标落入 RVA 目标阈值内的比例，若以各个 IHA 指标的 75%及 25%作为 RVA 目标阈值，则 $r=50\%$，而 $N_T$ 为受干扰后流量时间序列记录的总年数。

为对 IHA 指标的水文改变程度设定一个客观的判断标准，Richter 等建议 $0\% \leqslant |D_i| < 33\%$属于未改变或者低度改变；$33\% \leqslant |D_i| < 67\%$属于中度改变；$67\% \leqslant |D_i| < 100\%$属于高度改变。整体水文变化程度 $D_o$ 可以用以下方法计算：取 32 个 IHA 指标改变度的平均值来评估河流生态环境的整体变化情形，然而这样将体现不出各指标权重大小。借鉴萧正宗提出的以权重平均的方式来量化评估整体水文特征改变度的方法[17-18]，公式如下：

$$D_o = \left(\frac{1}{n}\sum_{i=1}^{33} D_i^2\right)^{0.5} \tag{3}$$

式中：$n$ 为指标个数，同时也规定 $D_o$ 值在 0～33%属于未改变或者低度改变；33%～67%属于中度改变；67%～100%属于高度改变。

## 4 实例研究

为定量评价近尾洲电站蓄水及湘祁+近尾洲电站联合运行库区河流生态水文情势的改变程度，以电站蓄水时间为分界点，将归阳站水文数据序列划分为三个时段：第一阶段 1961—2001 年，天然河道情况；第二阶段 2002—2011 年，近尾洲电站蓄水；第三阶段 2012—2015 年，近尾洲+湘祁电站联合运行条件下。在此基础上采用变动范围法（RVA 法）计算归阳站流量、水位及流速各水文指标的变化程度（见表 1）。

对研究区域归阳站年均流量、水位及流速进行年际分析（见图 2）。2002 年近尾洲电站蓄水使年均水位明显抬升，年均流速明显下降。近尾洲电站蓄水使年均水位由 65.85 m 抬升至 66.66 m，而年均流速由 0.757 m/s 降到 0.577 m/s，降低了 25%。湘祁电站蓄水后，归阳水位抬升至 66.82 m，流速回升至 0.639 m/s，比近尾洲单独运行升高了 10.7%。

通过 RVA 法分析流量指标改变度（见图 3），近尾洲电站单独运行下，流量高度改变指标有 1 个，中度改变指标有 2 个，整体改变度为 29%，属于低度改变；湘祁+近尾洲电站联合运行下，高度改变指标有 6 个，中度改变指标有 10 个，整改改变度为 54%，属于中度改变。水位指标改变度见图 4，近尾洲电站单独运行下，归阳站水位高度改变指标有 14 个，中度改变指标有 8 个，整体改变度为 67%，属于高度改变；湘祁+近尾洲电站联合运行下，高度改变指标有 20 个，中度改变指标有 4 个，整体改变度为 83%，属于高度改变。流速指标改变度见图 5，近尾洲电站单独运行下，归阳站流速高度改变指标有 11 个，中度改变指标有 5 个，整体改变度为 53%，属于中度改变；湘祁+近尾洲电站联合运行下，流速高度改变指标有 9 个，中度改变指标有 9 个，整体改变度为 45%，属于中度改变，改变度较近尾洲电站单独运行情况下有所减少。

与下游电站单独运行相比，上下游电站联合运行加强了研究区域流量和水位的改变程度，减缓了流速的改变程度。在生态系统中，流速是刺激家鱼产卵、保证鱼卵孵化鱼苗存活的关键因素[19-21]，而该研究区位于湘江干流“四大家鱼”产卵场上游地区[22]，本文将对流速高度改变指标进行重点分析。

**表 1　梯级开发蓄水前后生态水文指标统计**

| IHA 指标 | 流量/（$m^3/s$） | | | | | 水位/m | | | | | 流速/（m/s） | | | | |
|---|---|---|---|---|---|---|---|---|---|---|---|---|---|---|---|
| | 天然河道 | 近尾洲蓄水后 | 湘祁蓄水后 | 1、2 阶段改变度 | 1、3 阶段改变度 | 天然河道 | 近尾洲蓄水后 | 湘祁蓄水后 | 1、2 阶段改变度 | 1、3 阶段改变度 | 天然河道 | 近尾洲蓄水后 | 湘祁蓄水后 | 1、2 阶段改变度 | 1、3 阶段改变度 |
| 1 月均值 | 326.2 | 351.1 | 450.1 | 11.82 | 37.88 | 65.24 | 66.14 | 68.15 | 85.86 | 100 | 0.50 | 0.36 | 0.34 | 18 | 31.67 |
| 2 月均值 | 559 | 611.5 | 479 | 12.14 | 46.43 | 65.6 | 66.41 | 68.16 | 71.72 | 100 | 0.67 | 0.54 | 0.39 | 26.79 | 63.39 |
| 3 月均值 | 848.5 | 703.7 | 848.2 | 23 | 36.67 | 65.97 | 66.55 | 68.56 | 29.31 | 64.66 | 0.83 | 0.61 | 0.51 | 31.67 | 65.83 |
| 4 月均值 | 1 525 | 1 027 | 1 323 | 60.32 | 0.806 5 | 66.71 | 66.86 | 68.88 | 19.03 | 66.94 | 1.12 | 0.74 | 0.66 | 85.86 | 29.31 |
| 5 月均值 | 1 763 | 1 643 | 2 140 | 9.333 | 2.5 | 66.93 | 67.42 | 69.69 | 18 | 100 | 1.19 | 0.98 | 0.90 | 29.31 | 29.31 |
| 6 月均值 | 1 547 | 2 145 | 1 646 | 43.45 | 41.38 | 66.96 | 67.76 | 69.2 | 56.07 | 100 | 1.10 | 1.12 | 0.79 | 8.89 | 13.89 |
| 7 月均值 | 918.8 | 949.5 | 854.1 | 13.1 | 41.38 | 65.97 | 66.87 | 68.53 | 18 | 59 | 0.82 | 0.64 | 0.51 | 28.7 | 10.87 |
| 8 月均值 | 664.6 | 695.5 | 1 076 | 8.529 | 9.559 | 65.72 | 66.6 | 68.62 | 56.07 | 100 | 0.72 | 0.49 | 0.57 | 70.71 | 9.8 |
| 9 月均值 | 455.5 | 420.6 | 598.6 | 24.24 | 24.24 | 65.44 | 66.31 | 68.23 | 100 | 100 | 0.59 | 0.40 | 0.44 | 8.89 | 13.89 |
| 10 月均值 | 364.2 | 330.8 | 391.6 | 2.5 | 9.821 | 65.34 | 66.27 | 68.08 | 100 | 100 | 0.53 | 0.30 | 0.32 | 68.46 | 21.15 |
| 11 月均值 | 373.4 | 358.6 | 1 030 | 15.17 | 29.31 | 65.36 | 66.27 | 68.61 | 100 | 100 | 0.53 | 0.33 | 0.56 | 54.44 | 24.07 |
| 12 月均值 | 286.9 | 291.6 | 711.1 | 8.529 | 39.71 | 65.18 | 66.19 | 68.39 | 100 | 100 | 0.47 | 0.29 | 0.49 | 39.26 | 24.07 |
| 年均 1 日最小值 | 81.28 | 70.38 | 105.9 | 57.59 | 64.66 | 64.68 | 65.51 | 66.02 | 86.33 | 100 | 0.24 | 0.10 | 0.09 | 84.81 | 62.04 |
| 年均 3 日最小值 | 85.16 | 77.86 | 189 | 12.14 | 100 | 64.7 | 65.58 | 67.24 | 86.33 | 100 | 0.25 | 0.10 | 0.17 | 84.81 | 13.89 |
| 年均 7 日最小值 | 97.55 | 88.54 | 213.2 | 7.419 | 100 | 64.74 | 65.7 | 67.65 | 85.86 | 100 | 0.27 | 0.12 | 0.17 | 84.23 | 21.15 |
| 年均 30 日最小值 | 139.2 | 125.3 | 271.5 | 6.296 | 100 | 64.87 | 65.94 | 67.92 | 100 | 100 | 0.33 | 0.16 | 0.23 | 100 | 9.82 |

| IHA 指标 | 流量/（$m^3/s$） | | | | | 水位/m | | | | | 流速/（m/s） | | | | |
|---|---|---|---|---|---|---|---|---|---|---|---|---|---|---|---|
| | 天然河道 | 近尾洲蓄水后 | 湘祁蓄水后 | 1、2 阶段改变度 | 1、3 阶段改变度 | 天然河道 | 近尾洲蓄水后 | 湘祁蓄水后 | 1、2 阶段改变度 | 1、3 阶段改变度 | 天然河道 | 近尾洲蓄水后 | 湘祁蓄水后 | 1、2 阶段改变度 | 1、3 阶段改变度 |
| 年均 90 日最小值 | 267.3 | 273.9 | 404 | 8.889 | 62.04 | 65.15 | 66.17 | 68.07 | 100 | 100 | 0.45 | 0.15 | 0.33 | 68.46 | 18.27 |
| 年均 1 日最大值 | 7 161 | 7 979 | 6 838 | 15.17 | 29.31 | 71.04 | 72.27 | 73.28 | 57.59 | 29.31 | 2.10 | 0.27 | 1.83 | 18 | 65.83 |
| 年均 3 日最大值 | 5 905 | 6 482 | 5 322 | 31.67 | 31.67 | 70.2 | 71.21 | 72.29 | 26.79 | 26.79 | 1.95 | 2.22 | 1.52 | 12.14 | 63.39 |
| 年均 7 日最大值 | 4 339 | 4 542 | 3 895 | 12.14 | 9.821 | 69.05 | 69.8 | 71.26 | 8.889 | 24.07 | 1.73 | 1.99 | 1.26 | 21.15 | 60.58 |
| 年均 30 日最大值 | 2 510 | 2 558 | 2 517 | 7.419 | 32.26 | 67.59 | 68.14 | 70.02 | 33.87 | 100 | 1.39 | 1.67 | 1.00 | 26.79 | 26.79 |
| 年均 90 日最大值 | 1 752 | 1 756 | 1 808 | 12.14 | 46.43 | 66.92 | 67.51 | 69.37 | 45.33 | 100 | 1.19 | 1.24 | 0.83 | 69.63 | 100 |
| 基流指数 | 0.12 | 0.12 | 0.22 | 20.65 | 100 | 0.98 | 0.99 | 0.99 | 36.92 | 21.15 | 0.36 | 0.20 | 0.31 | 70.71 | 9.82 |
| 年最小值出现时间 | 346.5 | 344.4 | 360.5 | 100 | 100 | 44.49 | 339.1 | 332.8 | 100 | 100 | 348.3 | 336.1 | 11 | 100 | 70.83 |
| 年最大值出现时间 | 151.8 | 155.4 | 203.8 | 17.14 | 26.79 | 151.9 | 158.3 | 204.3 | 17.14 | 26.79 | 151.7 | 163.5 | 148.3 | 10.34 | 29.31 |
| 低脉冲次数 | 7.73 | 5.8 | 4.75 | 15.31 | 35.94 | 2.71 | 0 | | 20.59 | 20.59 | 5.76 | 8.9 | 13.5 | 39.26 | 62.04 |
| 低脉冲历时 | 15.42 | 13.37 | 2.792 | 26.15 | 100 | 10.12 | 0 | | 100 | 100 | 9.85 | 17.66 | 12.11 | 1.03 | 6.03 |
| 高脉冲次数 | 9.42 | 6.5 | 10.5 | 24.07 | 13.89 | 10.44 | 8.4 | 9.25 | 15.17 | 29.31 | 11.07 | 7.1 | 9.25 | 20.65 | 33.87 |
| 高脉冲历时 | 3.77 | 4.53 | 3.96 | 29.71 | 17.14 | 4.43 | 11.75 | 99.43 | 100 | 100 | 5.13 | 3.87 | 2.91 | 11.82 | 100 |
| 上升率 | 266.1 | 225 | 256.2 | 5.385 | 57.69 | 0.28 | 0.22 | 0.26 | 21.15 | 57.69 | 0.10 | 0.08 | 0.09 | 28.70 | 10.87 |
| 下降率 | −174.6 | −161.3 | −197.3 | 1.034 | 29.31 | −0.18 | −0.17 | −20 | 33.87 | 0.81 | −0.06 | −0.06 | −0.08 | 39.26 | 62.04 |
| 逆转次数 | 119.2 | 103.8 | 109.8 | 15.17 | 41.38 | 117.5 | 147.8 | 163.8 | 45.33 | 100 | 119.7 | 119.1 | 135 | 41.38 | 6.03 |

注：1 阶段是指天然河道情况；2 阶段是指近尾洲电站蓄水后；3 阶段是指湘祁电站蓄水后。

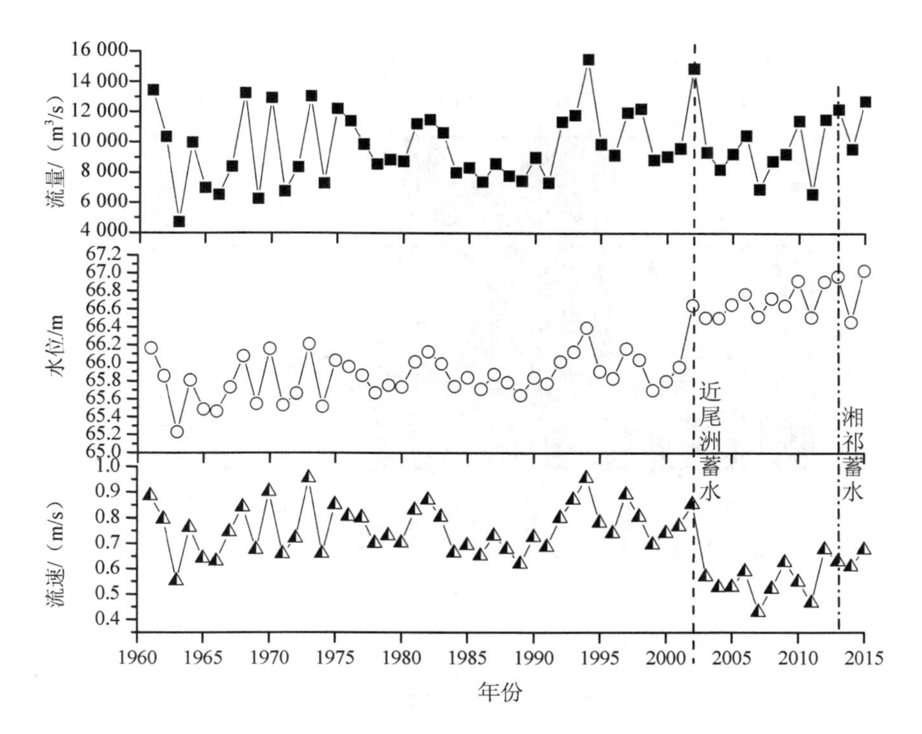


图 2 归阳站流量、水位、流速年际变化

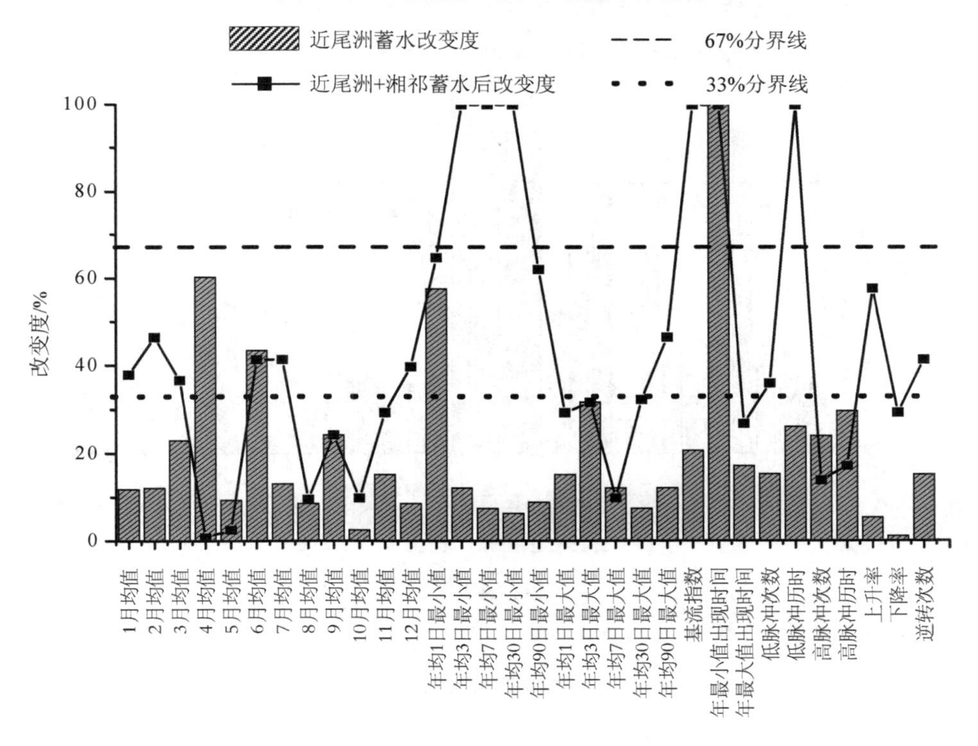


图 3 流量指标改变度排序

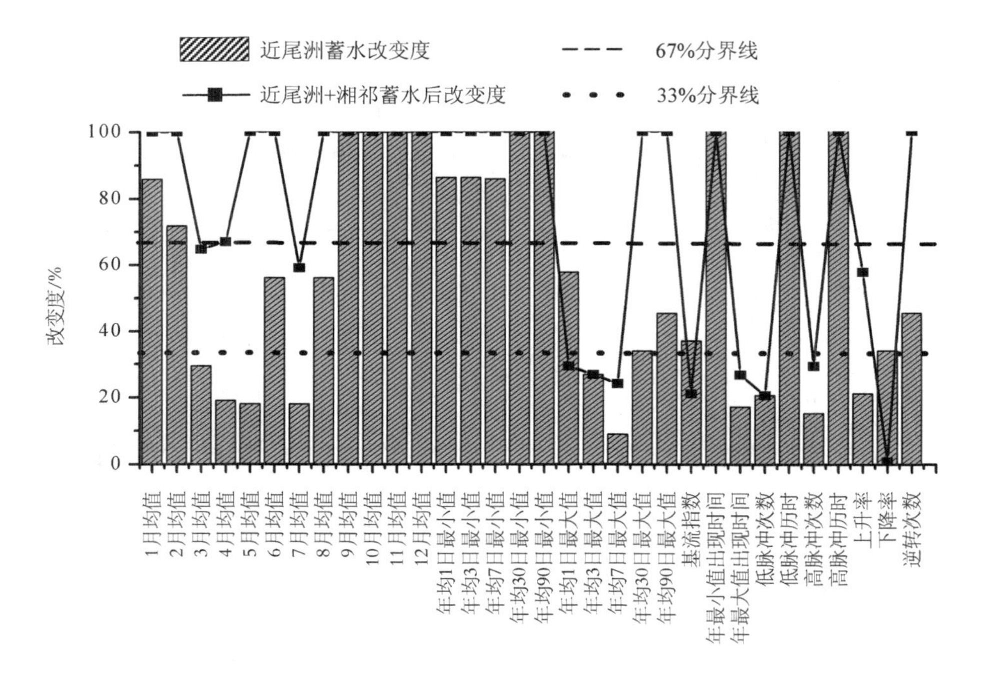


图 4　水位指标改变度排序

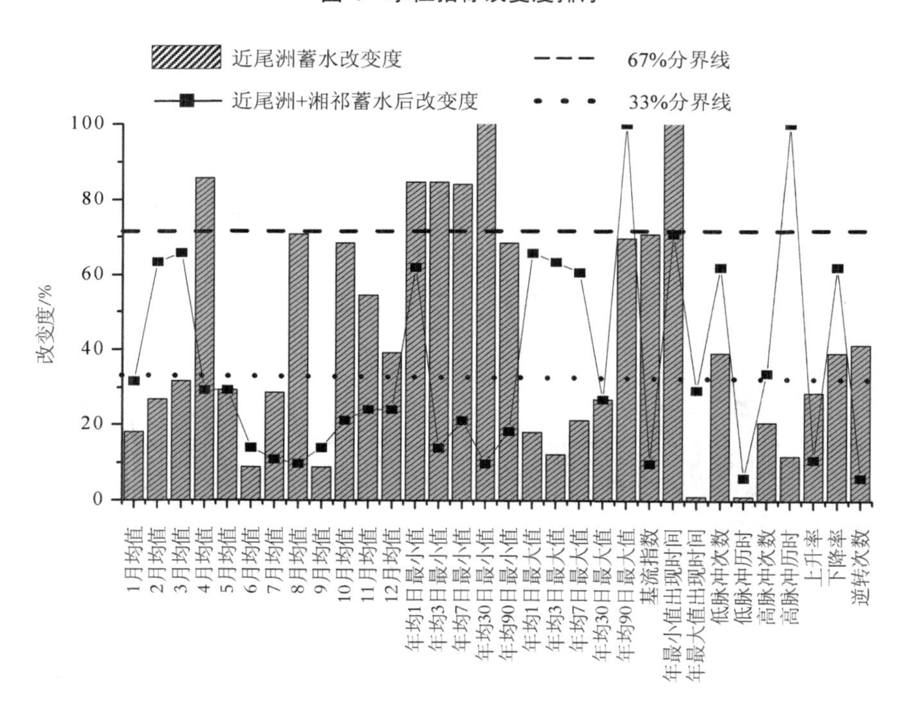


图 5　流速指标改变度排序

## 4.1 月均值变化

流量月均值变化见图 6，近尾洲电站蓄水后 3—5 月和 9—11 月流量较天然情况有所减少，其他月份较天然情况都为增加趋势，月均流量极大值由天然状况下的 5 月（1 763 $m^3/s$）推迟到 6 月（2 145 $m^3/s$）；近尾洲+湘祁电站联合运行后，2—4 月及 7 月月均流量较天然情况及近尾洲电站蓄水情况有所减少，其他月份较天然情况及近尾洲电站蓄水有所增加，月均流量极大值出现在 5 月（2 140 $m^3/s$），接近天然状况。

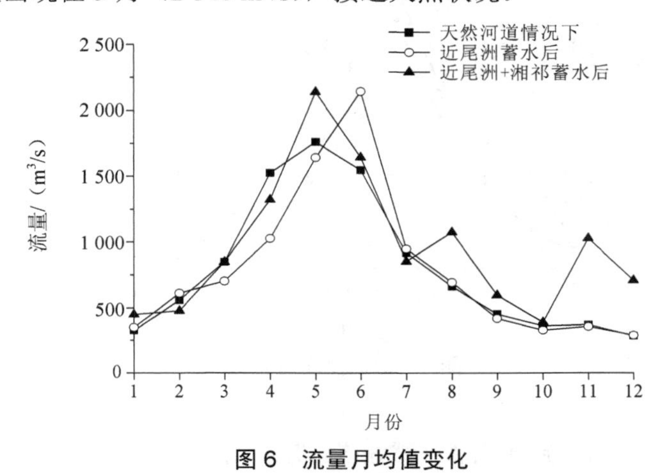


图 6　流量月均值变化

水位月均值变化见图 7，两种工况下各月月均水位均高于天然河道情况，且近尾洲+湘祁电站联合运行情况下各月月均水位均高于近尾洲电站单独运行情况。近尾洲电站单独运行情况下，9—12 月月均水位改变度达到 100%；湘祁与近尾洲电站联合运行情况下，8—12 月、5 月和 6 月月均水位改变度为 100%，月均水位高度改变个数增多。

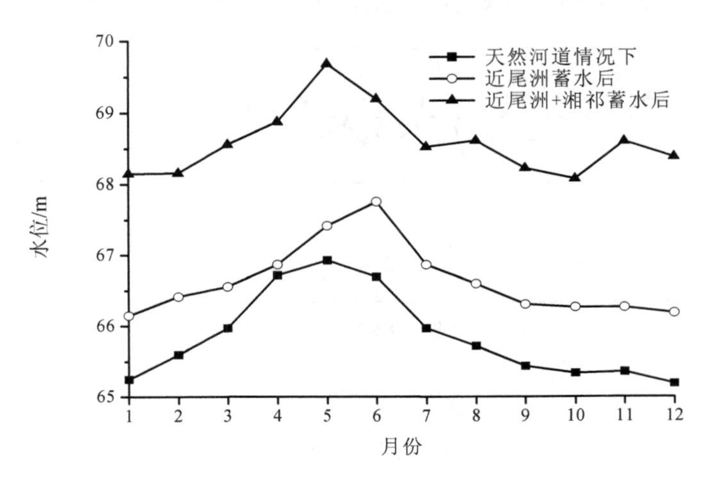


图 7　水位月均值变化

流速月均值变化见图 8，近尾洲电站蓄水，除 6 月流速有所增加，其他月份流速均为减少趋势，其中 4 月、8 月及 10 月月均流速都达到高度改变；近尾洲+湘祁电站联合运行下，11 月、12 月的月均流速高于天然河道情况，8—10 月的月均流速高于近尾洲电站单独运行情况，但低于天然情况。

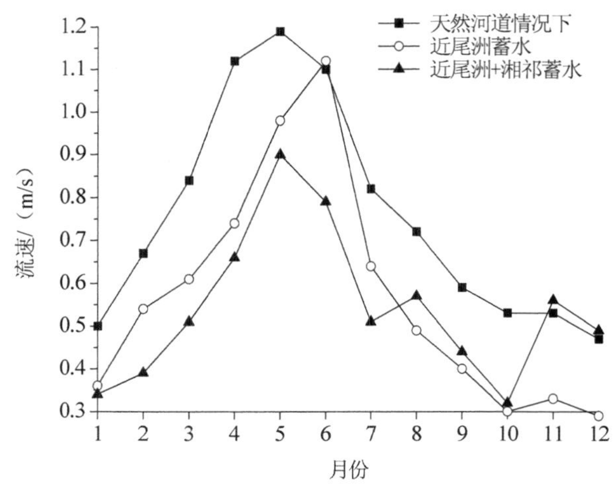


**图 8　流速月均值变化**

近尾洲蓄水，水位抬高致使流速减缓，该研究区域内 4 月、8 月和 10 月月均流速发生高度改变，改变度为 85.86%、70.71%和 68.46%。而湘祁电站蓄水降低了 4 月、8 月和 10 月月均流速改变度，分别降为 29.31%、9.8%和 21.15%（见图 9）。

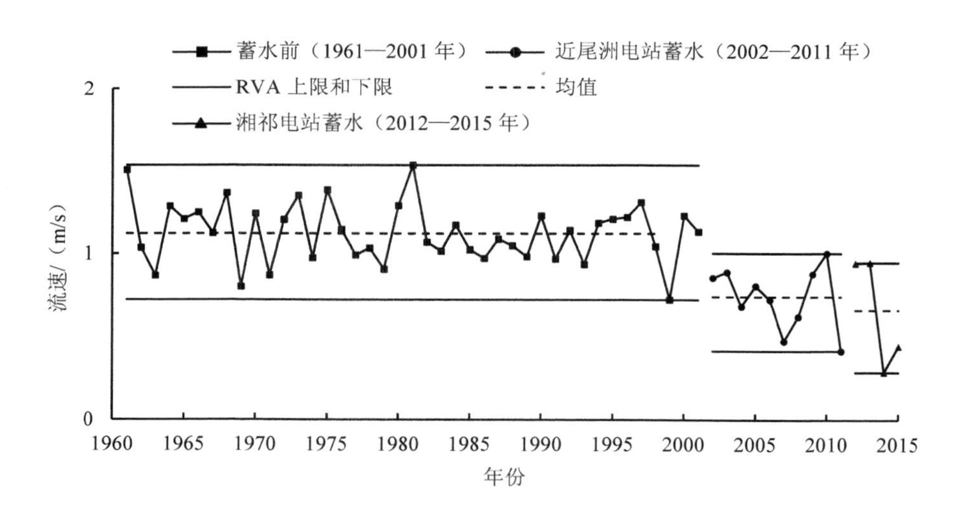


a. 4 月月均流速值变化

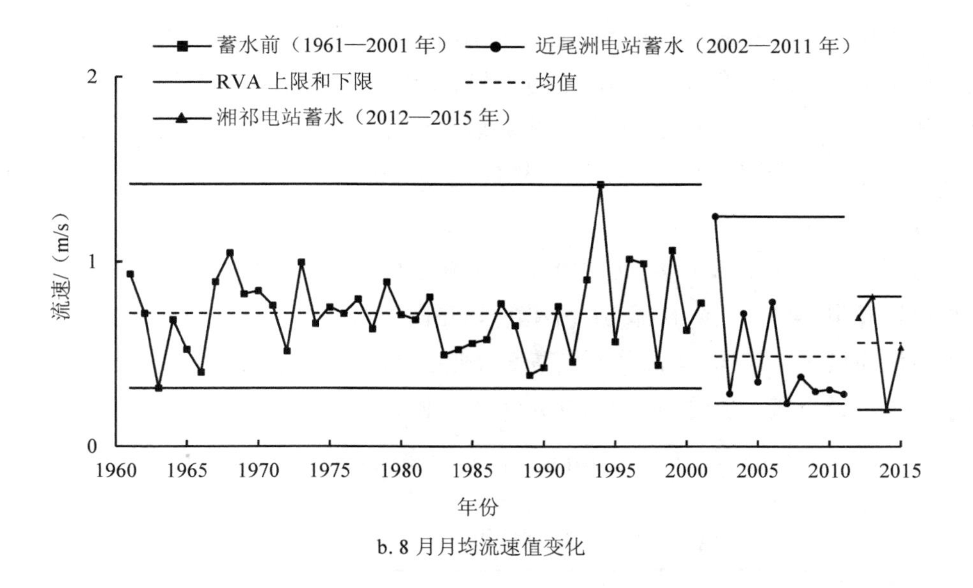


b. 8 月月均流速值变化

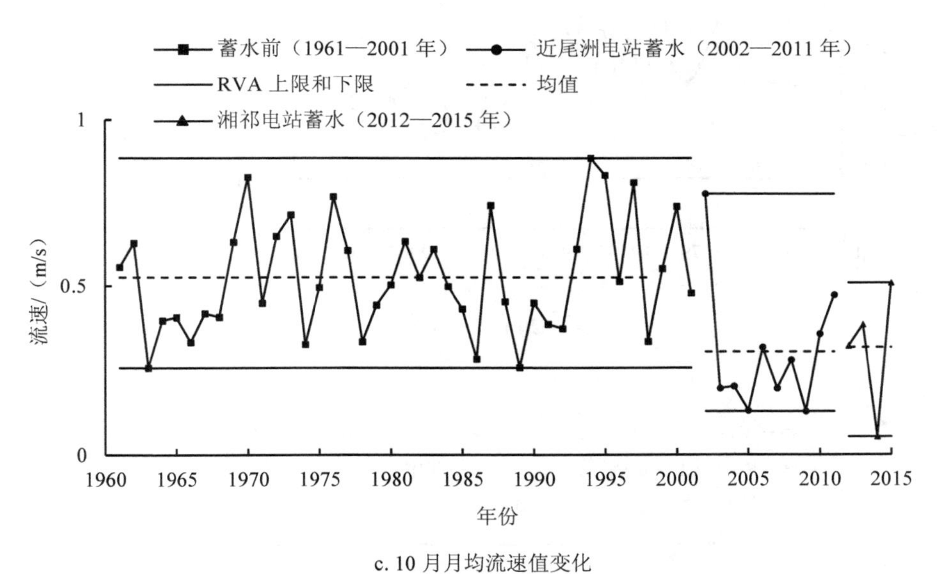


c. 10 月月均流速值变化

**图 9 高变异度月均流速指标变化**

## 4.2 年极值及其发生时间变化

年极值及其发生时间变化针对流量指标，在近尾洲单独运行的情况下，年最小值出现时间发生 100%改变，出现时间由 346.5 天减至 344.4 天。近尾洲+湘祁两电站联合运行使得各年极值均增大，年均 3 日、7 日、30 日最小值（趋向有利）、基流指数（趋向有利）、年最小值出现时间改变度均为 100%，且各指标改变均呈增长趋势。

针对水位指标，近尾洲单独运行年极值均高于天然状况下，年均30日、90日最小值、年最小值出现时间改变度为100%，年均1日、3日、7日最小值，年均1日、30日、90日最大值，基流指数均为中度改变。两电站联合运行，年极值均高于近尾洲电站单独运行情况，且增加年均1日、3日、7日最小值，年均30日、90日最大值5个指标改变度为100%。

针对流速指标（见图10），近尾洲电站单独运行，年均1日、3日、7日、30日、90日最小值均发生高度改变，且都为减小趋势，趋向不利；除年均1日最大值外，其他年均日最大值均为增大，年均90日最大值高度改变；基流指数高度改变，由0.36减小为0.2，趋向不利。年最小值出现时间发生100%变异，出现时间提前12.2天。

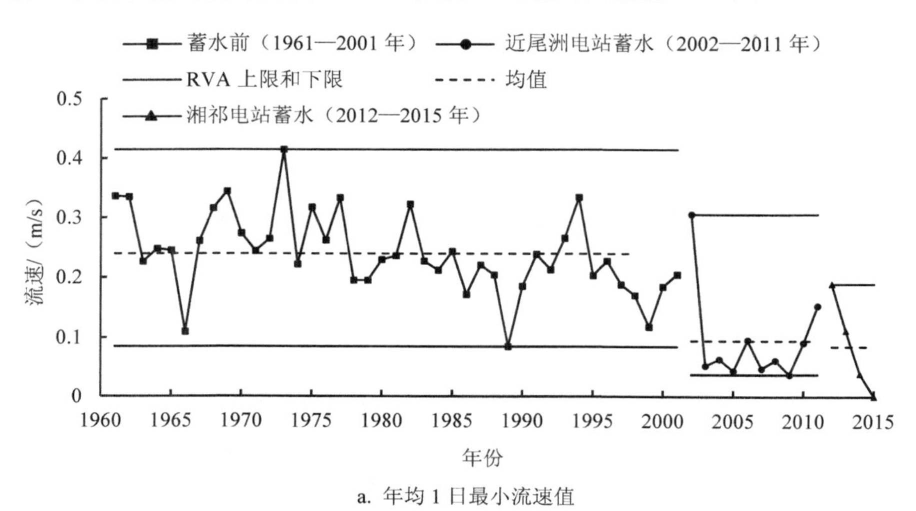


a. 年均1日最小流速值

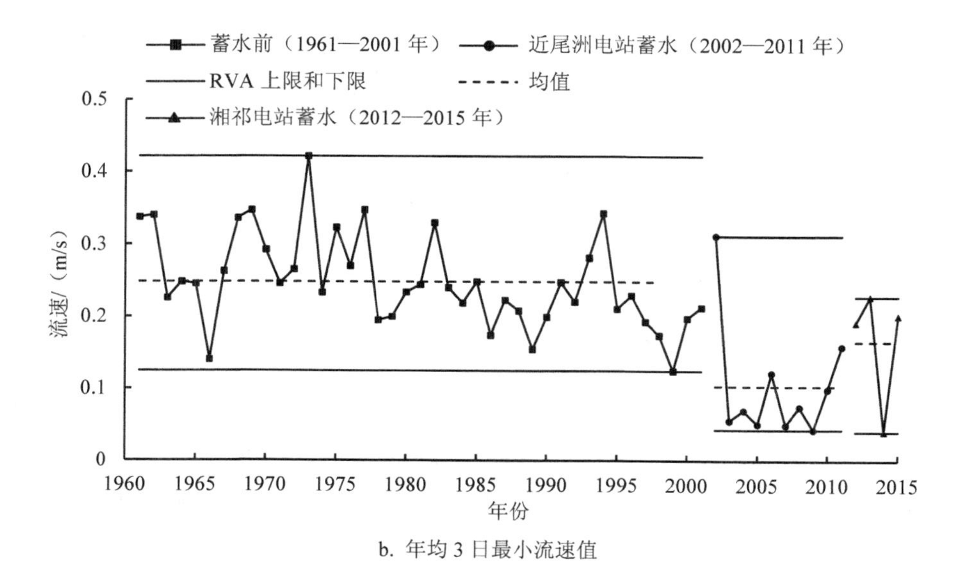


b. 年均3日最小流速值

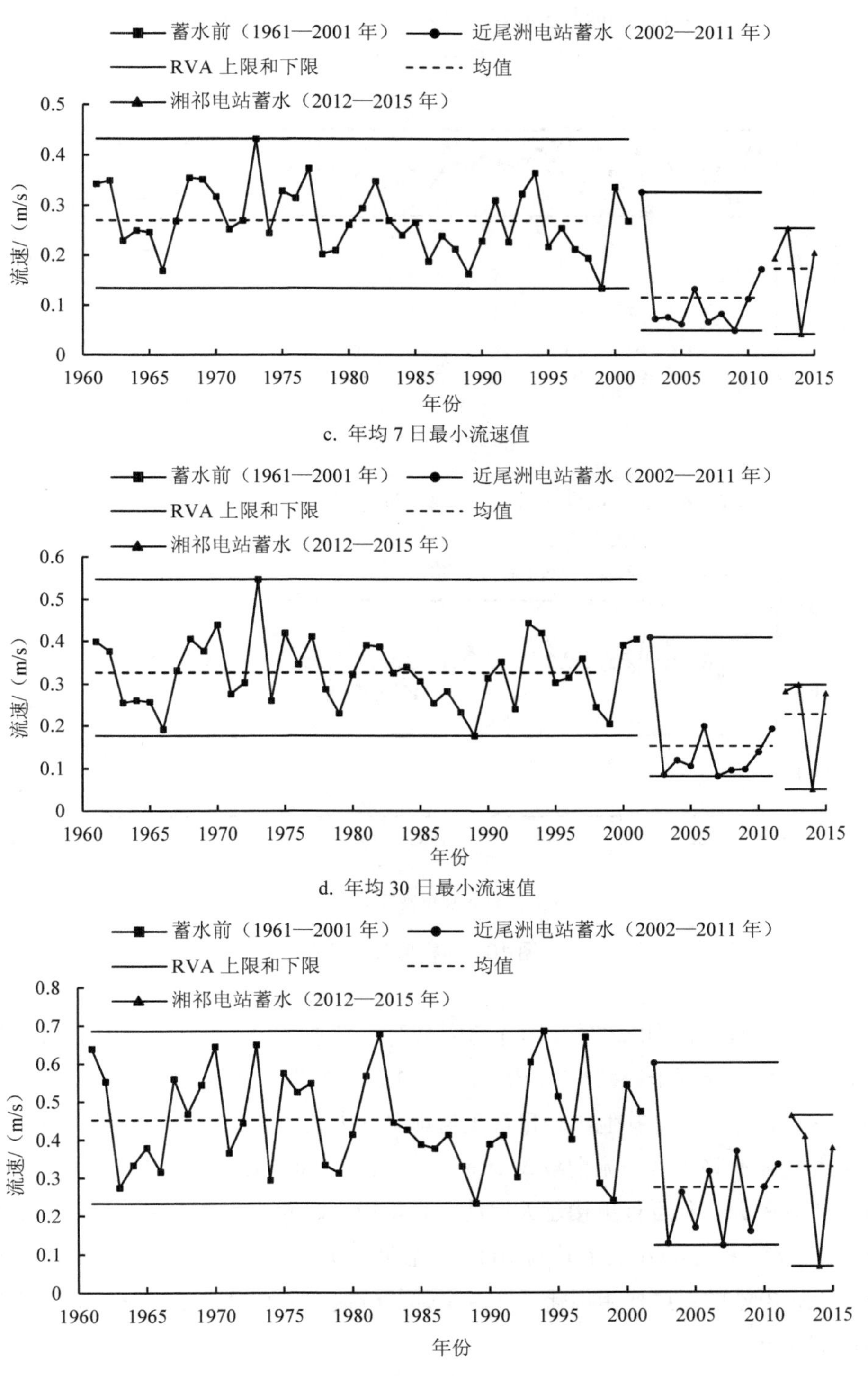


c. 年均 7 日最小流速值

d. 年均 30 日最小流速值

e. 年均 90 日最小流速值

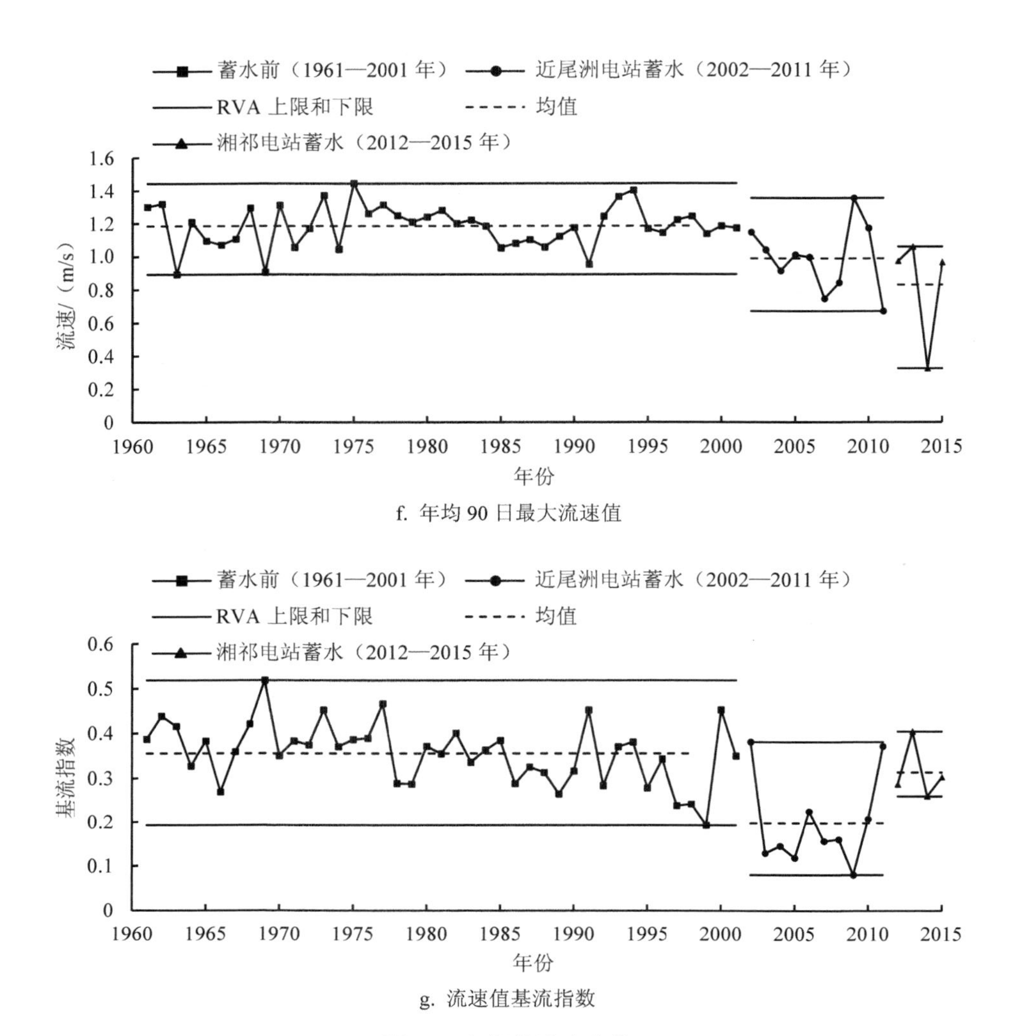


f. 年均 90 日最大流速值

g. 流速值基流指数

**图 10　年极值流速变化**

而在近尾洲+湘祁两电站联合运行的情况下，流速年极值及其发生时间指标改变度有所降低，高度变异指标个数减少。年均 1 日、3 日、7 日、30 日、90 日最小值改变度均降低，除年均 1 日最小值，其他年均日最小值都呈增大趋势；除年均 1 日最大值，其他年均日最大值都呈减小趋势；基流指数改变度由 70.71%降为 9.82%，流速基流指数由 0.2 提升至 0.31，比近尾洲单独运行更接近天然情况。年最小时间改变度由 100%降为 70.83%。年 90 日最大值改变度由 69.63%上升到 100%（见图 10）。由以上分析发现，对比下游电站单独运行，上游电站的调度作用坦化了库区尾部的流速变异程度，使流速年极值及发生时间更接近天然状况。

### 4.3 高低脉冲变化

近尾洲单独运行下，高低脉冲变化有关流量的各指标均为低度改变。两电站联合运行情况下低脉冲历时发生 100%改变，历时由天然情况下的 15.45 天缩短至 2.79 天，趋向不利，这是由于上游湘祁电站为保证通航水位，在枯水期对流量实施调度，缩短了枯水期对下游流量的泄放时间。

针对水位指标，近尾洲单独运行下，低脉冲历时和高脉冲历时发生 100%改变，下降率和逆转次数发生中度改变。其中，低脉冲次数与历时消失，说明水位的低脉冲特征已基本消失，高脉冲历时由 4.43 天增长至 11.75 天，下降率减少，逆转次数增加。两电站联合运行下，低脉冲历时、高脉冲历时和逆转次数发生 100%改变，上升率发生 57.69%中度改变。同样，水位的低脉冲特征已基本消失，高脉冲历时由天然状况下的 4.43 天增加至 99.43 天。

针对流速指标（见图 11），近尾洲单独运行下，由于监测站接近库尾，所以流速脉冲特征改变度并不显著，除低脉冲次数、下降率、逆转次数发生中度改变，其他指标均为低度改变。两电站联合运行下，高脉冲历时发生 100%变异，历时由 5.13 天降为 2.91 天，低脉冲次数、高脉冲次数和下降率发生中度改变，其中低脉冲次数由 5.76 次增长至 13.5 次，高脉冲次数由 11.07 次减少到 9.25 次。

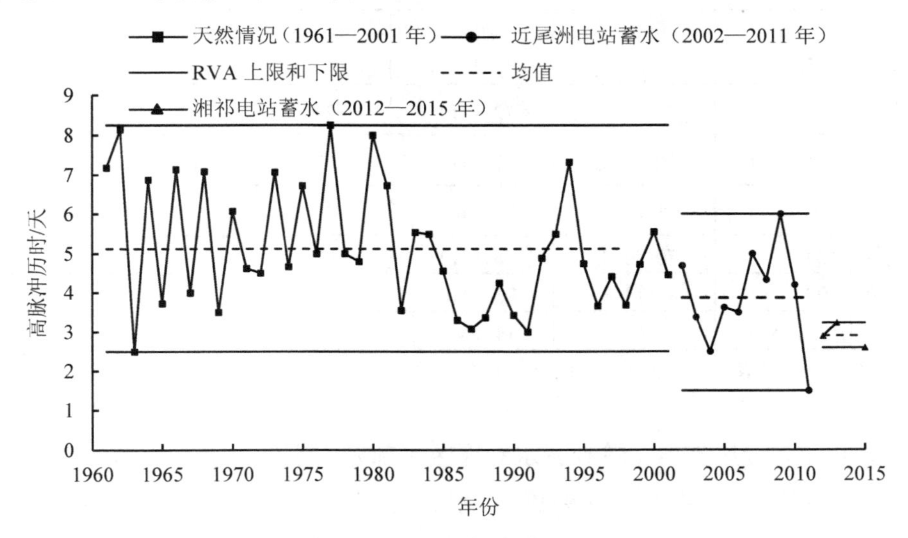


**图 11 流速高脉冲历时**

由上述分析得出，无论是下游电站单独运行还是两电站联合运行，由于下游电站蓄水，水位抬高，研究区域的水位低脉冲特征已基本消失，高脉冲历时极大地增加。下游电站蓄水对库尾的流量、流速脉冲特征影响不大。但上下游电站联合运行下，为保证通航水位，上游电站在枯水期闸门全关（见表 2），因此研究区域流量的低脉冲历时发生了 100%改变，历时缩短；当来流大于 1 400 $m^3/s$ 时，湘祁电站会逐步开启闸门泄流，高流量脉冲情况下，流速的高脉冲历时发生 100%改变，历时缩短，说明上游电站会对流速的高脉冲历时产生不利影响。

表 2　湘祁水电站水库调度运行情况[23]

| 区间 | 入库流量/（$m^3/s$） | 工况 | 工况 | 闸门启闭状态 |
|---|---|---|---|---|
| 航运调节区间及发电效益区间 | $Q$≤1 400 | 发电 | 通航 | 全关 |
| 发电、度汛区间 | 1 400<$Q$≤8 000 | 发电 | 通航 | 不全开 |
| 度汛区间 | $Q$>8 000 | 停止发电 | 通航 | 全开 |

## 4.4　生态水文情势改变度评价

进一步评价近尾洲水电站及近尾洲与湘祁共同运行后库区流量、水位、流速改变程度，计算流量、水位、流速各指标的整体改变度以及各组指标的改变程度（见表 3）。

表 3　归阳站水文指标整体改变度　　单位：%

| 工况 | 类型 | 各组水文改变度 | | | | | 整体水文改变度 $D_0$ |
|---|---|---|---|---|---|---|---|
| | | 第 1 组（月均值） | 第 2 组（年均极值） | 第 3 组（年极值出现时间） | 第 4 组（高低脉冲的频率及历时） | 第 5 组（变化率及频率） | |
| 近尾洲电站蓄水 | 流量 | 25（L） | 23（L） | 72（H） | 24（L） | 9（L） | 29（L） |
| | 水位 | 71（H） | 68（H） | 72（H） | 72（H） | 35（M） | 67（H） |
| | 流速 | 46（M） | 66（M） | 71（H） | 23（L） | 37（M） | 53（M） |
| 近尾洲+湘祁 | 流量 | 31（L） | 70（H） | 73（H） | 54（M） | 44（M） | 54（M） |
| | 水位 | 92（H） | 81（H） | 73（H） | 73（H） | 67（H） | 83（H） |
| | 流速 | 33（M） | 50（M） | 54（M） | 61（M） | 37（M） | 45（M） |

注：H 表示高度改变；M 表示中度改变；L 表示低度改变。

由表 3 可知，近尾洲电站单独蓄水对库区尾部归阳水文特征的影响为 $D_{水位}>D_{流速}>D_{流量}$。库区末端水位 1—4 组为高度改变，第 5 组为中度改变；流速第 1、第 2、第 5 组为中度改变，第 3 组为高度改变，第 4 组为低度改变；流量第 1、第 2、第 4、第 5 组均为低度改变，第 3 组由于年极值小，发生时间发生 100%改变，为高度改变。

两电站联合运行后，流量、水位指标整体改变度均高于近尾洲电站单独运行情况，但流速指标改变度低于近尾洲单独运行下。两梯级运行下各指标改变度为 $D_{水位}>D_{流量}>D_{流速}$。流量第 1 组为低度改变，第 2、第 3 组为高度改变，第 4、第 5 组为中度改变。水位各组指标均为高度改变。流速第 1—5 组改变度为中度改变。

## 5 结果与讨论

本文运用 IHA-RVA 法对湘江干流上游湘祁、近尾洲两梯级间归阳水文站的生态水文情势进行了定量分析。归阳站位于近尾洲电站库区尾部，地理位置更接近湘祁电站，其生态水文情势受到了上下游梯级联合作用的影响。通过 IHA-RVA 定量分析，本研究认为梯级开发对两电站间库区尾部河道的生态水文影响具有以下特点：

（1）下游电站蓄水导致库区尾部水位高度改变（67%）、流速中度改变（53%）、流量低度改变（23%），变异程度为 $D_{水位}>D_{流速}>D_{流量}$；上下游电站联合运行下水位高度改变（83%）、流速中度改变（45%）、流量中度改变（54%），变异程度 $D_{水位}>D_{流量}>D_{流速}$，上下游梯级联合运行加大了流量、水位的变异程度。

（2）对比下游电站单独运行，上游电站的调度作用坦化了库区尾部的流速变异程度，使流速年极值及发生时间更接近天然状况。

（3）无论是下游电站单独运行还是两电站联合运行，由于下游电站蓄水，水位抬高，研究区域的水位低脉冲特征已基本消失，高脉冲历时极大地增加；下游电站蓄水对库尾的流量、流速脉冲特征影响不大；但上下游电站联合运行下，为保证通航水位，上游电站在枯水期闸门全关，因此研究区域的流量的低脉冲历时发生了100%改变，历时缩短；流速的高脉冲历时发生100%改变，历时缩短，说明上游电站会对流速的高脉冲历时产生不利影响。

## 参考文献

[1] Hu B Q，Yang Z S，Wang H J，et al. Sedimentation in the Three Gorges Dam and its impact on the sediment flux from the Changjiang（Yangtze River），China[J]. Hydrology and Earth System Sciences Discussions，2009，6（4）：5177-5204.

[2] POFF N L，ALLAN J D，BAIN，M B，et al. The natural flow regime：A paradigm for river conservation and restoration[J]. Bioscience，1997，47（11）：22-29.

[3] 范继辉. 梯级水库群调度模拟及其对河流生态环境的影响[D]. 成都：中国科学院研究生院（成都山地灾害与环境研究所），2007.

[4] 蒋固政，韩小波. 汉江中下游干流梯级开发环境影响特点分析[J]. 水电站设计，1998，14（4）：8688.

[5] 杨丽虎，陈进，常福宣. 梯级水库对生态系统基流的累积影响[J]. 武汉大学学报：工学版，2007，40（3）：2226.

[6] 李兰，李亚农，袁旦红，等. 梯级水电工程水温累积影响预测方法探讨[J]. 中国农村水利水电，2008

（6）：8690.

[7] 彭少明，尚文绣，王煜，等. 黄河上游梯级水库运行的生态影响研究[J]. 水利学报，2018，49（10）：1187-1198.

[8] 张洪波，黄强，张双虎. 梯级水库运行对黄河上游水文条件的累积影响[J]. 河海大学学报（自然科学版），2011，39（2）：137-142.

[9] 陈栋为，陈晓宏，李翀，等. 基于 RVA 法的水利工程对河流水文情势改变的累积效应研究：以东江流域为例[J]. 水文，2011，31（2）：54-57.

[10] 张爱民. 梯级水电开发对长江干流生态水文情势影响研究[D]. 郑州：华北水利水电大学，2018.

[11] 曹艳敏，毛德华，邓美容，等. 日调节电站库区生态水文情势评价——以湘江干流衡阳站为例[J]. 长江流域资源与环境，2019（7）：1602-1611.

[12] RICHTER B D，Baumgartner J V，Powell J，et al. A method for assessing hydrologic alteration within ecosystems [J]. Conservation Biology，1996，10（4）：1163-1174.

[13] ROSENBERG D M，MECULLY P，PRINGLE C M . Global-scale environment effects of hydrological alterations：introduction[J] . BioScience，2000，50（9）：746-751.

[14] SUEN J P，HERRICK E E，EHEART J W. Eco-hydrologic indicators for rivers of northern Taiwan[C]. ASCE/EWRI World Water and Environmental Resources Congress. Salt Lake City：Utah，2004：1-9.

[15] RICHTER B D. How much water does a river need [J]. Freshwater Biology，1997，37：231-249.

[16] RICHTER B D，Baumgartner J V，Braun D P，et al. A spatial assessment of hydrologic alteration within a river network [J]. Regulated River：Research and Management，1998，14（4）：329-340.

[17] Shiao J T，Wu F C. Feasible diversion and instream flow release using range of variability approach [J]. Journal of Water Resources Planning and Management，2004，130（5）：395-404.

[18] Shiao J T，Wu F C. Compromise programming methodology for determining instream flow under multi objective water all ocationcriteria[J]. Journal of American Water Resources Association，2006，42（5）：1179-1191.

[19] 易伯鲁，等. 长江家鱼产卵场的自然条件和促使产卵的主要外界因素[J]. 水生生物学集刊，1964，5（1）：1-15 .

[20] 易伯鲁. 葛洲坝水利枢纽与长江四大家鱼[M]. 襄阳：湖北科学技术出版社，1988.

[21] 易雨君. 长沙水沙环境变化对鱼类的影响及栖息地数值模拟[D]. 北京：清华大学，2018：1-150.

[22] 曹艳敏. 湘江干流梯级开发对家鱼产卵区的影响及其生态补偿研究[D]. 长沙：湖南师范大学，2019：82-85.

[23] 华能湖南清洁能源分公司. 2017 湘祁水电站水库汛期运行控制方案[R]. 2017.

# 关于新时期如何强化水利行业生态流量管理的思考

曹　娜[1]　黎一霏[2]

（1. 生态环境部环境工程评估中心，北京 100012;

2. 中国电建集团北京勘测设计院有限公司，北京 100024）

**摘　要：**以习近平生态文明思想为指导，全面贯彻习近平总书记关于治水工作的重要论述，紧密结合水利改革发展总基调，在系统梳理我国水利行业生态流量管理发展十数载成就与存在问题的基础上，结合新时期生态环境保护要求，从制度完善、强化监管、多方共治、信息化建设等方面提出对策建议。

**关键词：**生态流量；泄放；生态环境管理；水利行业

## How to Strengthen Ecological Flow Management in Water Conservancy Industry in the New Era

**Abstract:** In the instruction of Xi Jinping's thought of ecological civilization, to fully implement the important statements of the Secretary-General Xi Jinping about Water Conservancy, to closely integrate with the General Principle of Water Resources Development and Reform, based on the systematic review of ecological flow management in China during last decade, to combine with current regulation of ecological and environmental protection, this article presents a broad overview of existing achievements and problems with ecological flow management in China and proposes the corresponding countermeasures including institutional development, regulatory reinforcement, multi-party governance, information construction.

**Keywords:** ecological flow; ecological and environmental management; discharge; water resources

作者简介：曹娜（1982—），女，高级工程师，主要从事环境影响评估。E-mail：caona@acee.org.cn。

# 1 引言

生态流量是维系江河湖泊生态健康的基本底线，生态流量管理是实现新时期水利行业可持续发展的重要内容。事关河湖健康及其生态服务功能的发挥，事关生态文明建设战略的实施，事关“五位一体”总体布局的形成，生态流量管理与水利行业高质量发展息息相关。近年来水利行业生态流量保障工作不断加强，水生态状况得到初步改善；但在传统经济发展方式的惯性下，“三生”用水矛盾仍旧存在；部分地方未将生态流量管理纳入生态文明建设重要工作中，在水资源开发利用中还未全面建立科学确定和积极保障生态流量的观念；在生态流量管理实践中，尚存在强调生态用水总量但忽视生态流量过程、混淆下泄水量时间尺度等问题；分布广泛、存量巨大的老旧水利工程普遍缺失环保措施，消减了新建工程环保措施实施带动的生态环境效益。因此，亟须系统梳理我国水利行业生态流量管理存在的问题，有针对性地提出对策建议，以期为生态流量管理决策提供科学参考。

# 2 水利行业生态流量管理现状

水利行业作为我国基础设施建设的优先领域，长期以来为保障国民经济发展、维护人民群众生产及生活安全发挥了关键性作用。水利行业生态环境管理发展数十载，已取得巨大成就。在习近平生态文明思想和习近平总书记关于治水工作“节水优先、空间均衡、系统治理、两手发力”治水方针的重要精神引领下，紧密结合“水利工程补短板、水利行业强监管”水利改革发展的总基调和量水定发展的“四定”原则，已成为水利行业高质量发展新思路，已成为新时期生态流量管理新要求。

生态流量管理长期以来都是水利项目生态环境管理中的主要抓手和重点关注内容。随着 2002 年《水法》、2006 年《水电水利建设项目河道生态用水、低温水和过鱼设施环境影响评价技术指南（试行）》、2010 年《河湖生态需水评估导则（试行）》以及 2020 年水利部《河湖生态流量确定和保障工作指导意见》等政策文件的陆续出台，水利行业生态流量管理要求日益完善。一是在阈值确定上，生态流量的确定实现了从无到有、从单一数值要求到流量过程要求、从静态泄放到动态调节过程的转变。2006 年以来批复的水利工程基本都明确了生态流量泄放数值要求。新近开工建设的重大水利工程中，除使用 Tennant 法和 90% 保证率最枯月平均流量法外，结合生境模拟法或生态水文学方法进行生态流量综合比选的工程日益普遍。2017 年以来生态环境部审批的水利项目，除针对鱼类繁殖期、一般用水期提出生态流量要求，还提出鱼类繁殖期制造人造洪峰的动态泄放要求。二是在泄放时段上，新近审批的水利项目更加重视工程施工期、初期蓄水期、运行期生态流量泄放，力求保障下游河段全周期生态环境用水。三是在泄放方式上，水库初期蓄水阶段一般采用配套临时放水管（旁通管）、泄水孔、枢纽泄水设施等相结合的泄放方式；工程运行期则多采用枢纽泄水设施（专用闸门泄流、引水洞泄流）、设置生态机组或生态流量泄放管（坝体埋管泄流）等专用设施。专用闸门、坝体埋管、生态机组等生态流量专用调控设施逐步成为工程重要组成，生态流量泄放可靠性得到加强。

## 3 水利行业生态流量管理存在的主要问题

### 3.1 已建工程生态流量目标不明确，泄放措施不完备

目前，全国累计建成水库 9.8 万余座，其中 8.5 万余座于 2006 年之前建成，绝大部分中小型水库未明确生态流量泄放要求，大型水利工程也存在未明确生态流量泄放要求的情形。根据对 56 项已建大型水利工程的调研，发现 22 项环评批复未明确生态流量阈值要求，多为 2006 年之前批复。明确生态流量要求的工程，多数通过泄水建筑物或发电机组兼顾泄放生态流量，导致部分工程在机组检修或不发电时生态流量无法得到保障，仅 10 项工程设置了专门泄放生态流量的生态放水管或生态机组。生态流量目标不明确导致后期生态流量泄放无据可依，泄放措施不完备、专用泄放设施缺位导致生态流量泄放人为扰动较大、受限于机组最小发电流量，同时加大了监管监察难度。

相较于大型水利工程，小型水利工程生态流量管理问题更为突出。由于大部分工程建设年代早，监管缺失，既无生态流量要求更无泄放设施，对河流生态造成明显损害。2018 年陆续发布的《长江经济带小水电无序开发环境影响评价管理专项清理整顿工作方案》《关于开展长江经济带小水电排查工作的通知》等部门规章要求成为全国小水电生态流量管理的重要依据。结合 2016—2017 年中央环保督察对甘肃、福建等地提出的生态流量相关要求，长江经济带各省开展了小水电生态流量核定、泄放设施改造、在线监测设施安装、部分小水电有序退出等工作，极大地缓解了区域内小水电与生态环境的矛盾。但由于目前只有长江经济带和部分省份有相关整改要求，小型水利工程生态流量管理还存在区域局限性，配套要求、监管措施还有待进一步完善。

### 3.2 新建水利工程生态流量泄放的生态环境效益不显著

一是老旧工程造成的负面作用极大抵消了新建工程生态流量泄放带来的生态环境效益。2018 年开展了对 56 项重大水利枢纽工程生态流量泄放满足程度的评估，评估结果为“实时满足”（70%）、“日均/月均满足”（24%）及“均不满足”（6%），“实时满足”占比较高。根据文献，对我国主要河湖控制断面生态需水满足状况进行评价，结果显示“良”

（60%）、“差”（17%），“满足”程度较差。自 2006 年水利行业实施生态流量管理以来，水利工程在流量确定、设施建设方面取得了明显进步，设施的建设与运行也基本符合环评要求。但由于我国水利行业起步早、2006 年前建设工程存量巨大，产生了新建重点工程泄放普遍达标而全国重要断面泄放不满足程度较高的现象。以流域尺度判断，老旧工程造成的负面作用极大地抵消了新建工程生态流量泄放带来的生态环境效益。二是控制性工程未发挥控制性作用。以三北地区为例，东北辽河、南疆塔里木河、华北永定河等流域在上游山区均建设有控制性水库，规格高、库容大，对下游河段至全流域的水文情势应起到调节控制作用。但由于缺乏流域尺度的统一调度，常现“寅吃卯粮”的状态，控制性工程未发挥控制性作用，坝下生态流量无法保障，部分时段甚至出现断流。

## 3.3 生态流量管理体系不完善、不到位

一是缺乏生态流量顶层设计，虽然《水法》《水污染防治法》等确立了生态流量保障的法律地位，但未明确法律责任，且这些原则性规定的可操作性较低；加之配套、有针对性的政策制度体系有待进一步完善，全国江河湖泊生态流量治理任务、实施安排、保障措施详细战略部署尚未全面展开。二是生态流量监控系统不完善，目前水利工程生态流量评估资料主要为验收报告、后评价报告以及工程生态流量泄放数据，数据来源以建设单位自测自报为主，监督执法难度较大；据初步估计，我国设置生态流量在线监测系统的水利工程仅 10%左右，占比极低；而设置了在线监测的工程，由于缺乏数据传输系统，未与生态环保部门联网，工程数据仍为信息孤岛，未体现在线监测数据的“一手价值”。三是缺少相应的事中事后管理制度保障，目前生态流量管理机构权责不清、管理程序报送机制不明、管理尺度口径不一、监控监管尚无规范化标准化要求，生态流量监测评估及考核机制尚有缺失，对未泄放生态流量或泄放不足造成生态环境破坏的问责制度尚未形成。四是流域生态保护措施的统筹管理不足，以海河流域为例，其水资源开发利用率高达 112%，平原区 24 条河流约有一半已干涸；因此生态流量管理应在流域尺度统筹考虑，但受开发时序及建设单位限制，各工程往往“各自为政”，缺乏有效的流域统筹管理，造成保护工作效果受限以及保护成本增加。五是未发挥多方共治的积极作用，由于我国水利水电工程分布较为分散，涉及多流域、多地区、多部门，对水利工程长期有效的监管是行业生态环境管理的难点；复杂的水利工程管理权限制约了生态流量调度保障能力，在塔里木河流域，部分工程仍无视下游河道生态流量需求，仅依运行需要下泄水量，地方政府协调生态流量难度较大，生态环境保护责任难以压实；生态保护补偿机制、企业环保信用评价制度和追责体制不健全，运营单位难以主动积极参与生态流量管理；公众监督和举报反馈机制不完备，社会舆论的监督作用难以有效发挥。

### 3.4 生态流量评估体系不健全

生态流量泄放是为了维系河流、湖泊、沼泽给定的生态环境保护目标所对应的生态环境功能不丧失。但我国开展生态流量管理十数载，目前大部分对水利工程生态流量评估仍停留在流量监测、断面考核阶段，针对工程建成后生态流量泄放对下游水生生态、水环境等生态环境效益的分析研究匮乏，且评价指标各异，未形成科学评估体系。河流生态环境是一个动态变化的有机体，以“数值评估”为主体的评估体系无法体现水利工程对水资源、水生生态乃至整个生态系统的影响；而措施实施后生态环境效益的不明确，使得评估反馈无法发挥作用，生态流量阈值设定与泄放方式设计工作无法进一步优化。

## 4 水利行业生态流量管理对策建议

生态流量泄放作为水利项目工程效益和生态环境影响的平衡点，目前已具备较为完善的计算方法及较为全面的设施建设体系，今后管理工作侧重点主要在于宏观政策制定及末端政策执行两个方面。据此，对今后水利行业生态流量管理工作提出如下建议：

（1）逐步明确生态流量和生态调度的法律地位。适时推动《水法》等相关法律修订，进一步配套完善生态流量管理系列规章，明确生态流量法律责任，明确各类水事违法行为造成生态环境损害的处罚措施；切实落实《水利部关于做好河湖生态流量确定和保障工作的指导意见》（水资管〔2020〕67 号），明确河湖生态流量保障工作的指导思想、总体目标、部门权责、工作机制、保障措施等，建立健全生态环境、水利、自然资源等部门参与的生态流量决策与议事协调机制，明确生态流量和生态调度作为流域开发和项目开发的强制要求。

（2）完善水利行业生态流量管理相关制度，算好“新旧两本账”。厘清“旧账”是针对建设年代较早、生态保护措施尚有缺失的工程，梳理工程数量、分布情况，科学评估其生态影响程度，重大水利枢纽开展生态流量专用设施整改，小型水利工程以长江经济带试点为基础，总结经验，在七大流域推进整改，确保各规模工程稳定足额下泄生态流量。算好“新账”是针对新近审批的工程，进一步明确责任主体、严格生态流量阈值和过程的要求。以《长江经济带生态环境保护攻坚计划》明确的“长江干流及主要支流主要控制节点生态基流占多年平均流量比例在 15%左右”的生态流量阈值底线为试点，进一步研究在长江二级支流和其他重点流域推广科学合理的阈值底线。通过规划环评、跟踪评价、后评价等，从流域层面统筹制定、复核、优化水利水电开发生态流量的保障要求。

（3）推进生态流量管理信息化建设。加快构建生态流量在线监测网络，首先实现大中型水利工程生态流量监测全覆盖。建设单位为生态流量监测的主体，应确保监测设备具备数据采集、保存、上传、导出等功能，保证生态流量数据的真实性、完整性和连续性。各地生态环境主管部门要建立完善水利工程生态流量监管平台，实现工程监测数据与监管平台直联，确保监测数据及时准确接收，推动环境质量预报预警，实现生态流量一站式管理。

（4）充分发挥七大流域生态环境监管部门对流域内河流生态流量泄放的管理作用。建议紧密结合水利部《河湖生态流量确定和保障工作指导意见》，根据水资源分区、河流特点，结合不同区域、不同类型河流的生态系统需求，细化分解“一区一策、一河一策”管理模式，以大中型水利工程为抓手，考核重点生态流量断面、开展特殊生态需水期上下游联合调度，实现多部委联合的生态流量精细化管理。在全国水资源配置战略环评、流域综合规划及规划环评中，深入论证流域生态流量和生态调度的刚性需求，发挥控制性工程的调控作用，明确各梯级工程生态流量阈值、泄放过程，解决规划与项目对生态流量的要求尺度不一的问题。

（5）充分发挥多方共治的积极作用。各级生态环境主管部门应加强对水利工程环境保护的全过程管理，完善考核体系，加大监察力度、加大对违法项目的查处力度。协调相关部门研究制订激励措施落地，鼓励建设单位新建、改建生态机组等生态流量泄放专项设施。社会舆论监督有覆盖范围广、持续时间长的特点，可作为政府监督评估体系的有效补充，建议生态环境部门进一步畅通舆论监督渠道，建立迅速反应、高效运转的舆情应对机制，实时掌握舆论反馈、舆论报道，并保证其处理时效。

（6）尽快配套健全生态流量泄放效果评价体系。打破“数值评估”的困局，对水利工程生态环境效益开展评估；从考虑水生生态需水、河道外生态需水、不同区域流域特征、生态用水过程响应关系等方面进一步深入开展研究，从而持续完善效果评估的内容、方法、标准等技术体系。结合工程生态保护措施适应性管理，发挥生态保护措施效果评估后的反馈机制。

## 参考文献


[1] 共同抓好大保护协同推进大治理　让黄河成为造福人民的幸福河[N]. 人民日报，2019-9-20（001）.

[2] 严登华，王浩，王芳，等. 我国生态需水研究体系及关键研究命题初探[J]. 水利学报，2007，38（3）：267-273.

[3] 张建永，王晓红，杨晴，等. 全国主要河湖生态需水保障对策研究[J]. 中国水利，2017，23：8-11.

# 关于长江经济带小水电清理整改有关问题的思考

葛德祥　王　民　曹晓红

（生态环境部环境工程评估中心，北京 100012）

**摘　要**：目前长江经济带各省市已按照四部委意见要求，完成省级小水电清理整改实施方案编制，建立了相关工作机制，制定了相关政策规范，统筹推进问题整改。但同时也存在思想认识不到位，整改思路不全面，手续补办和技术要求不明确，管理机制不完善等问题。建议长江经济带各地区、各部门统一思想认识，进一步完善整改工作方案，强化技术保障，制定相关管理政策，确保清理整改取得实效。

**关键词**：长江经济带；小水电；清理整改

# Reflection on the Problems of Cleanup and Rectification for the Small Hydropower in the Economic Zone of Yangtze River

**Abstract**：Recently，according to suggestions and requirements from four Ministries，the provinces in the Yangtze River economic zone has completed provincial implementation plan，working mechanism，policy and rules，in order to coordinate the work of cleanup and rectification for the small hydropower. However，there are also some problems in the work including insufficient understanding，incomplete plan for the rectification，unclearness for the technical requirements and procedure reapplication，and ineffective management. Hence，it is required that all governments and governmental departments in the zone unite understanding，further improve rectification working plan，enhance technical supports，and establish management rules，in order to be realize effective implementation for the cleanup and rectification work.

**Keywords**：economic zone of Yangtze River；small hydropower；cleanup and rectification

---

作者简介：葛德祥（1986—），男，高级工程师，主要从事水利水电生态环境保护相关研究。E-mail：dexiang_ge@163.com。

# 1 引言

为贯彻落实习近平总书记在深入推动长江经济带发展座谈会上的重要讲话精神和国务院领导批示要求，2018 年 5—6 月，国家发展改革委、生态环境部、水利部、国家能源局部署开展了长江经济带小水电开发摸底排查工作；12 月，四部委联合印发了《关于开展长江经济带小水电清理整改工作的意见》（水电〔2018〕312 号，以下简称四部委意见），要求限期退出涉及自然保护区核心区或缓冲区、严重破坏生态环境的违规水电站，全面整改审批手续不全、影响生态环境的水电站，完善建管制度和监管体系，有效解决长江经济带小水电生态环境突出问题，促进小水电科学有序可持续发展。

# 2 各地小水电清理整改工作推进情况

## 2.1 编制实施方案，细化工作要求

除上海外的长江经济带 10 省市均于 2019 年 5 月底前完成了省级小水电清理整改实施方案的编制和备案工作。有关省市在制订本级实施方案过程中，结合自身实际，对相关要求进行了细化和强化。例如，浙江省针对整改类电站存在的问题，分 10 类进行了细化；湖北省细化了整改类项目的生态流量措施要求；安徽省要求退出类电站限期退出时间提前到 2019 年年底。

## 2.2 建立工作机制，明确各方职责

长江经济带 10 省市各级政府重视小水电清理整改工作，建立了相关组织协调机构和工作机制。例如，贵州、云南成立了由相关分管副省级领导担任领导小组组长的协调机构。湖北省建立了小水电清理整改工作联席会议制度，安徽省建立了小水电清理整改工作通报制度。一些省市在实施过程中，根据实际需求，扩大了参与部门，将自然资源、林业、财政、信访等部门一并纳入工作协调组，并明确了相应职责。

## 2.3 制定政策规范，做好工作保障

各地在清理整改工作中，制定了一系列政策文件。例如，贵州、湖南、江西、湖北、重庆、四川等省市印发了关于小水电清理整改、自然保护区小水电整治、生态流量监管等方面的通知或指导意见。为规范做好问题核查、综合评估和“一站一策”整改工作，浙江、湖南、重庆等省市先行先试编制了相关配套技术规范文件。为加强基层工作人员技术能力

建设，安徽、湖北、浙江、四川等省组织开展了小水电清理整改工作培训。

### 2.4 坚持统筹兼顾，推进问题整改

长江经济带10省市按照四部委意见要求，统筹考虑中央环境保护督察、“绿盾”专项行动、长江经济带生态环境保护情况审计提出的相关问题，统筹推进小水电清理整改工作。例如，湖南省针对中央环保督察和“绿盾”专项行动指出的张家界大鲵自然保护区小水电开发问题，湖北省结合中央环保督察指出的小水电开发引起的河道断流问题，统筹制订了整改方案。

## 3 存在的问题与困难

### 3.1 “两多两少”情况普遍，思想认识还需提高

部分地区相关负责同志对长江经济带生态环境保护修复、小水电清理整改重大意义的认识还不到位，在交流座谈过程中，谈发展需求的多、谈推动生态环境保护修复的少，谈困难的多、谈解决办法的少，畏难情绪、观望心理还比较浓，不敢动真碰硬，工作的积极性、主动性、创造性还不够。有些地区以缺少资金、整改难度大等为由，试图尝试开口子。例如，湖北省神农架林区政府拟将本应纳入退出类的19座水电站列为整改类；贵州省建议将退出类电站仅限于国家和省级自然保护区。

### 3.2 整改思路还不全面，实施方案仍需完善

一是小水电退出重点在解决违法问题，对于过度开发问题考虑较少。二是分类整改重点集中在“一站一策”，对单个项目考虑得多，对流域整体保护修复考虑得少。三是措施完善上基本集中在生态流量，对过鱼设施、鱼类增殖放流、水环境保护等措施考虑较少。四是生态流量泄放整改基本按照坝址多年平均流量的10%控制，没有考虑河流天然来水和生态需水过程。

### 3.3 手续完善难度较大，技术标准支撑不够

一是地方同志普遍反映，清理整改过程中环评手续完善与现行有关法律法规和管理政策等存在冲突，难以操作。二是对于退出类项目涉及“生态环境破坏严重”情形，目前缺乏明确评价指标和标准，实施过程中难以把握。三是综合评估和“一站一策”方案编制缺乏统一的技术规范，生态流量泄放、监测等措施相关规范性要求还不明确，设计、建设随意性较大。

### 3.4 环境管理存在盲区，长效机制有待建立

本次清理整改将有一定数量的小水电退出拆除。水电大坝拆除涉及工程安全、生态环境影响及修复等诸多问题。部分地区对电站退出没有进行科学论证，直接采取“一拆了之”的简单粗暴方式，难以达到保护修复效果，有的甚至造成新的生态破坏。目前小水电生态环境保护的长效机制还比较缺乏，监管还比较薄弱，后期存在工作反复的可能。

## 4 对策建议

### 4.1 提高政治站位，统一思想认识

长江经济带各地区各部门要充分认识长江经济带小水电清理整改的重大意义，把思想和认识统一到党中央、国务院关于推动长江经济带发展的决策部署上来，做到知行合一，切实增强“把保护修复长江生态环境摆在压倒性位置”的思想自觉和行动自觉，主动扛起长江经济带生态环境保护的政治责任。要严防“口号喊得震天响，落实起来轻飘飘”，保持并加强工作定力，不动摇、不推诿、不观望、不开口子，积极创新工作方式和方法，扎实推进清理整改工作。

### 4.2 坚持统筹考虑，完善工作方案

建议省级在评估意见审核，市、县在制订实施方案过程中，重点统筹和把握好以下几个方面关系。

一是统筹好解决违法问题与过度开发问题。各地在核查评估阶段，水电站退出既要考虑解决自然保护区核心区、缓冲区违法开发和运行问题，也要考虑部分河流过度开发问题，切实通过清理整改降低开发强度。

二是统筹好个体整改与整体保护修复。在清理整改过程中，既要根据单个项目问题特点，制定“一站一策”整改方案，也要从流域层面统筹考虑整体性保护修复问题，切实恢复和改善河流生态。

三是统筹好重点措施与全面保护。在完善生态环境保护措施方面，既要突出生态流量这个重点，也要全面考虑水电站可能存在的生境阻隔、水生生物资源破坏、水环境污染等其他问题，提出相应的保护修复措施，一并解决历史遗留问题。

四是统筹好严肃整改与防止“一刀切”。在整改过程中，既要敢于攻坚克难，动真碰硬，也要坚持因地制宜，科学论证，分类施策，坚决反对、严格禁止“一刀切”。

### 4.3 明确手续要求，强化技术保障

一是进一步规范环评手续补办要求。综合考虑有关法律法规要求，建议统一以 2003 年 9 月 1 日《环境影响评价法》实施为节点，之前建设的未履行环评手续的项目，不再补办环评手续，以流域为单位开展环境影响回顾性评价，统一提出环境保护要求，纳入环境管理。对于之后建设的未履行环评手续的项目，符合现行环境影响评价和水电环境管理政策要求的，限期逐站补办环评手续；对于不符合现行要求的，一并以流域为单位开展环境影响回顾性评价，统一提出环境保护要求，纳入环境管理。对于违法行为的行政处罚，建议参照环政法函〔2018〕31 号文处理。

二是综合界定“生态环境破坏严重”标准。考虑小水电开发与生态环境影响问题，以及中小河流基础资料欠缺现状等因素，建议从流域和项目层面综合界定“生态环境破坏严重”的标准。流域层面，建议重点从资源利用上限、开发密度、利用方式、保护要求等方面进行综合考虑。项目层面，建议从发电调度、造成减脱水河段状况、对鱼类或其他重点保护动物重要栖息生境以及重要环境敏感区功能、水环境功能、周边居民生产生活用水影响等方面进行综合考虑。各地可根据自身实际，制订具体控制性指标。

三是加快制定完善相关技术标准规范。尽快制定发布综合评估和“一站一策”编制工作大纲。加快制订完善生态流量泄放、监测等措施设计规范，研究建立小水电生态环境保护措施可行性技术指南，规范小水电生态环境保护措施整改，确保措施运行安全、灵活可靠。

### 4.4 完善相关政策，建立长效机制

一是尽快研究建立小水电退出的相关指导意见。建议充分借鉴美国等西方发达国家以及国际大坝委员会相关先进理念和成熟实践经验，并考虑我国实际国情，研究制定小水电退出拆除和生态修复相关指导意见，同步、规范做好小水电退出拆除的生态环境保护、修复等相关工作。

二是建立健全小水电生态环境监管长效机制。建议以此次小水电清理整改为契机，加快建立完善小水电开发生态环境监管的长效机制，避免“一阵风”式整改和工作反复。建议参照国家发展改革委绿色发展价格机制意见和福建省试点经验，协调相关部门建立反映生态环境保护和修复成本的水电生态电价，充分调动水电站业主主动落实生态保护责任的积极性。建立长江经济带小水电项目事中事后监管台账，充分发挥流域生态环境监督管理机构职能，加强与水利等其他行业部门的联合执法监管。强化处罚问责力度，有条件的地方政府可积极创新工作思路，先行先试制定地方性法规，加大对不按要求泄放生态流量等行为的处罚。此外，建议将小水电生态环境保护纳入中央环保督察和河长制考核，加强督导问责，确保清理整改取得实效。

# 葛洲坝上下游水温情势变化及其与中华鲟产卵行为关系探讨

朱红伟　方　宁　俞士敏　施　蓓　胡　金　叶丽君　张璟钰

（上海勘测设计研究院有限公司，上海 200434）

**摘　要：**基于金沙江下游和长江上游近 20 年来的水温监测数据，分析了梯级电站开发前后葛洲坝中华鲟产卵江段及上游断面的水温变化特征，并探讨了水温变化与中华鲟繁殖行为的关系。研究表明，葛洲坝上游水温是沿程逐渐递增，上游梯级电站蓄水前后水温出现了较大的变化，中华鲟产卵也出现了较多的不确定性。2013 年向家坝—溪洛渡水电站蓄水前，产卵时间已推迟 1 个月左右，产卵适宜水温窗口期也大约缩短 1/2。2013 年，水温降至中华鲟产卵适宜水温已是 12 月初，此后三年葛洲坝下未发现产卵行为，水温已经从中华鲟产卵的影响因子变为限制因子。同时，气温变化也会对金沙江下游和长江上游的水温产生一定的影响，主要体现在多年平均气温的升高趋势，并且在中华鲟产卵江段气温的影响贡献较大坝蓄水的影响更大。

**关键词：**梯级电站；水温；中华鲟；产卵繁殖；气温

# Relationship between Water Temperature and Spawning Behavior of *Acipenser sinensis* in the Upstream and Downstream of Gezhouba Dam

**Abstract：**Based on the monitoring data of water temperature in the lower reaches of Jinsha River and the upper reaches of the Yangtze River in the past 20 years，the characteristics of water temperature changes in the spawning section of Acipenser sinensis and its upstream before and after

---

基金项目：国家重点研发计划水资源高效开发利用重点专项（2016YFC0401500），国家自然科学基金青年基金项目（11502138）和中国博士后科学基金项目（2017M611668）联合资助。

作者简介：朱红伟，男，博士，高级工程师，主要从事水环境和生态水利研究。E-mail：zhw@sidri.com。

the development of cascade hydropower stations were analyzed, and the relationship between water temperature changes and the breeding behavior of Acipenser sinensis was discussed. The study shows that the water temperature in the upper reaches of Gezhouba increases gradually along the way, and the water temperature changes greatly before and after the impoundment of cascade hydropower stations in the upper reaches, and the spawning of Acipenser sinensis also presents more uncertainties. Before the impoundment of Xiangjiaba and Xiluodu Hydropower Station in 2013, the spawning time has been delayed for about one month, and the "window period" of spawning suitable water temperature has also been shortened by about one-half. In 2013, the water temperature dropped to the suitable temperature for Acipenser sinensis to spawn in early December. No spawning behavior was found under Gezhouba for the next three years, and the water temperature has changed from the influencing factor of spawning to the limiting one. At the same time, the temperature change will also have a certain impact on the water temperature in the lower reaches of the Jinsha River and the upper reaches of the Yangtze River, mainly reflected in the annual average temperature rising trend, and the impact of the temperature in the spawning section of the Chinese sturgeon is greater than the one of the dam impoundment.

**Keywords:** cascade hydropower station; water temperature; *Acipenser sinensis*; spawning; temperature

## 1 引言

葛洲坝截留以后，中华鲟产卵洄游通道被阻断，产卵场范围从金沙江下游新市至涪陵江段转移到葛洲坝下，是目前已知唯一的长江中华鲟产卵场（见图 1）[1-2]。中华鲟进行自然繁殖活动与外部生境环境要素有较大的关系，对环境要素的改变具有敏感性、选择性和适应性，生境变化会对中华鲟自然繁殖的产量和规模产生重要的影响[3]。随着金沙江下游和长江上游几座大型梯级电站的不断建成，长江中下游的水文地质条件发生了较大的改变，这些环境要素变化有可能对中华鲟产卵场产生一定影响[4]。水温是长江河道重要的环境要素之一，影响着河流生态系统中种群的结构和分布以及生物多样性[5]。研究表明，水库蓄水以及水流下泄会明显地改变自然水温过程和变化特征，如滞温和滞冷现象，这使得葛洲坝下江段的水温情势发生了较大变化[6-8]，近年来，葛洲坝下游江段中华鲟产卵期有一定程度延后，产卵规模逐年下降，整体上在百万粒规模的较低水平波动，这可能与葛洲坝下江段水温要素的改变有较大关系[9-11]。监测资料表明，中华鲟产卵时间已由之前的 10 月上旬至 11 月中旬推迟到了 11 月中下旬，甚至不发生产卵行为[12]。随着三峡和向家坝—

溪洛渡水电工程的正常运行，葛洲坝下江段的水文水动力条件发生了一定的改变，使中华鲟的自然繁殖面临新的挑战。

图1 葛洲坝建坝前后中华鲟产卵场分布

本文通过分析近年来葛洲坝上下游典型断面水温实测资料，比较金沙江下游和长江上游梯级电站陆续建成后葛洲坝下中华鲟产卵江段水温变化情况，以分析该江段水温情势变化的原因并探讨其对中华鲟产卵的影响。

## 2 水温情势变化对中华鲟产卵场水温的影响

### 2.1 三峡水库蓄水后上下游水温情势变化

三峡大坝正式蓄水是2003年，蓄水后葛洲坝下江段出现了比较明显的滞温效应。图2为三峡水库蓄水前后宜昌站月均水温变化趋势曲线。由图2可以看出，宜昌站在每年的第二季度水温升高阶段，蓄水前的水温明显要低于蓄水后，而在每年的第四季度到次年第一季度水温降低阶段，蓄水前的水温明显要高于蓄水后，这一结果从侧面显示出三峡水库对坝下水温有较强的影响，平均有2℃的滞前或滞后调节效果。

为了进一步研究三峡大坝蓄水后上下游水温的变化影响，并排除2013年陆续蓄水的向家坝—溪洛渡（以下简称向—溪）水电站的影响，选择2003—2012年（三峡蓄水后10年）的水温资料进行分析，分别选取代表未受大坝影响的寸滩断面、代表三峡大坝上游的庙河断面、代表三峡大坝下游的黄陵庙断面以及代表葛洲坝下中华鲟产卵场的宜昌断面进行对比分析。图3显示了2003—2012年三峡大坝上下游典型断面10月水温情势变化。由图3可以看出，三峡蓄水后10年间10月的平均温度总体呈现上升的趋势，但在2010年

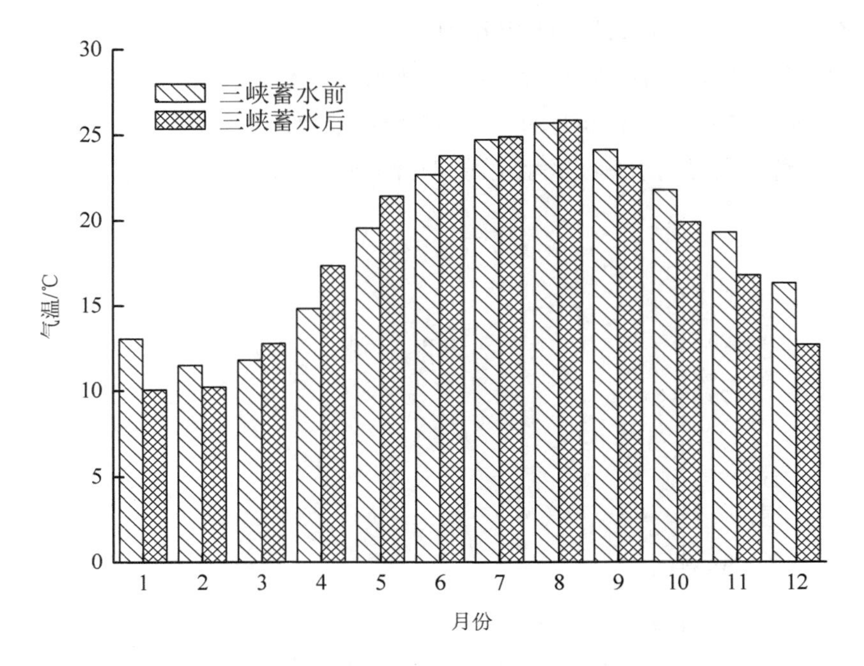


图 2 三峡水库蓄水前后宜昌站月均水温变化趋势曲线

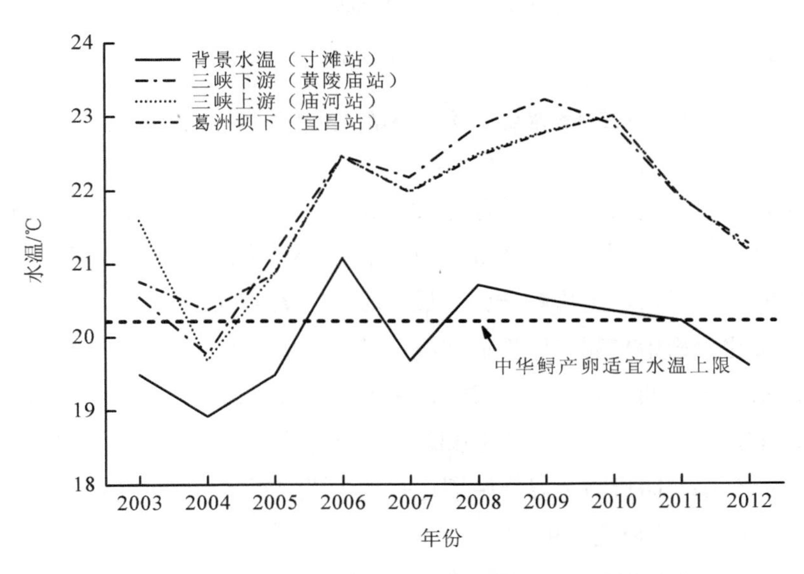


图 3 三峡蓄水后 10 年上下游典型断面 10 月水温变化

后有所下降。庙河断面、黄陵庙断面、宜昌断面三者之间的温差不大，但仍然显示出个别年份的差异性，如 2006—2010 年三峡大坝下游的水温要明显高于三峡大坝上游和葛洲坝下，最高差别在 0.7℃左右。其余时段各有高低，未有较明显的一致趋势。这表明，除大坝对水温有影响外，还存在其他的水温影响因子。选择2003—2012年（三峡蓄水后10年）的气温资料进行分析，得到这期间三峡大坝上下游典型断面10月气温的变化情况（见图4）。可以发现，2006—2010年间10月的年平均气温明显要高于其他年份，这可能是导致此期间三峡大坝下游的水温高于三峡大坝上游和葛洲坝下水温的原因之一。

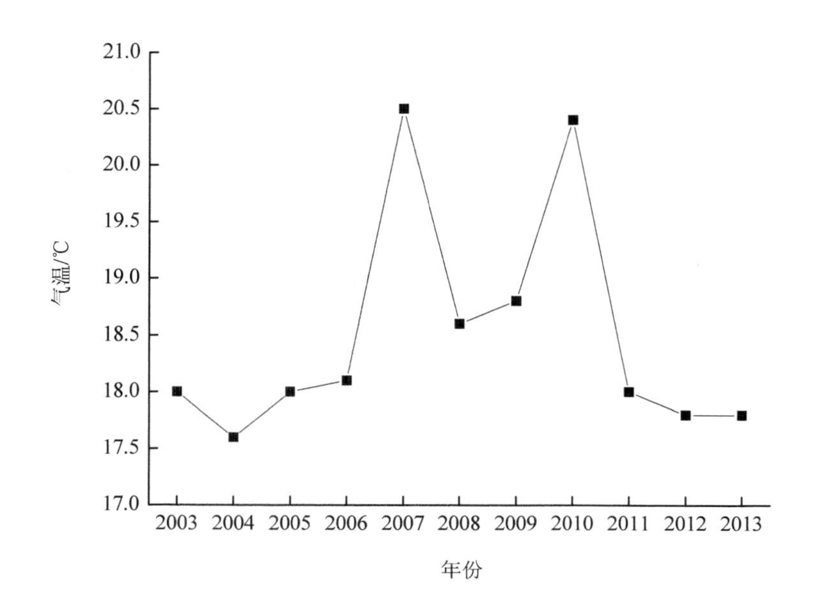


图4　三峡蓄水后10年上下游典型断面10月气温变化

从图3中还可以看出，2005年后月均水温最小值均超过了中华鲟产卵适宜水温的上限20.2℃，同时根据监测资料显示，2005年以后宜昌断面10月逐日温度变化差值不超过1℃，这说明2005年以后，中华鲟产卵的最早时间已经推迟到11月。

为进一步量化分析中华鲟产卵推迟情况，以水温集中期作为参考标准，水温集中期表示一个时段内水温集中的重心出现的时间，每年相同时段内水温分布情况大致相同[11]。图5为重要鱼类首次产卵日与对应时段的水温集中期的差值。从图5中可以看出，三峡水库蓄水后，中华鲟首次产卵日与水温集中期之差均大于22天，最大差值42天出现在2011年，整体上蓄水前后平均推迟29天[11]。

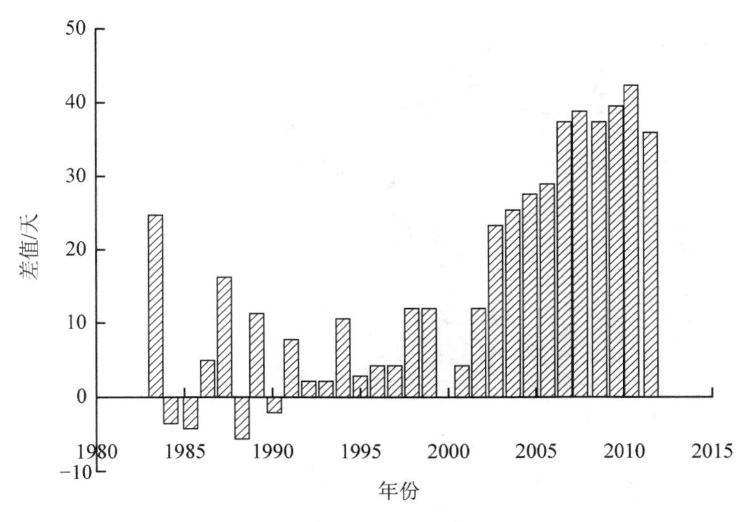


图 5　中华鲟首次产卵日与水温集中期差值

## 2.2　向—溪水电站蓄水后上下游水温情势变化

向家坝和溪洛渡水电站分别在 2012 年和 2013 年蓄水，为了剔除三峡大坝的影响，选取 2005—2016 年朱沱站和宜昌站的月均水温变化和多年平均水温变化研究向—溪水电站蓄水前后上下游水温变化情况。图 6 显示了 2005—2016 年朱沱站月均水温变化，图 7 显示了向—溪水电站蓄水前后朱沱站和宜昌站年均水温变化。可以看出，无论是月均水温变化还是年均水温变化，向—溪水电站蓄水后出现了比较明显的滞温效应。朱沱站的年均水温从 7 月开始降低，此时宜昌站的年均水温变化已经开始明显滞后，滞后幅度在 0.3～0.8℃。

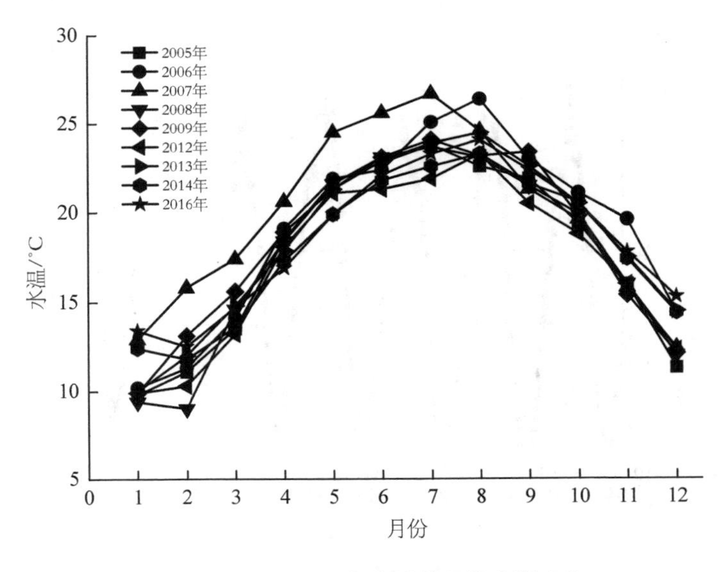


图 6　2005—2016 年朱沱站月均水温变化

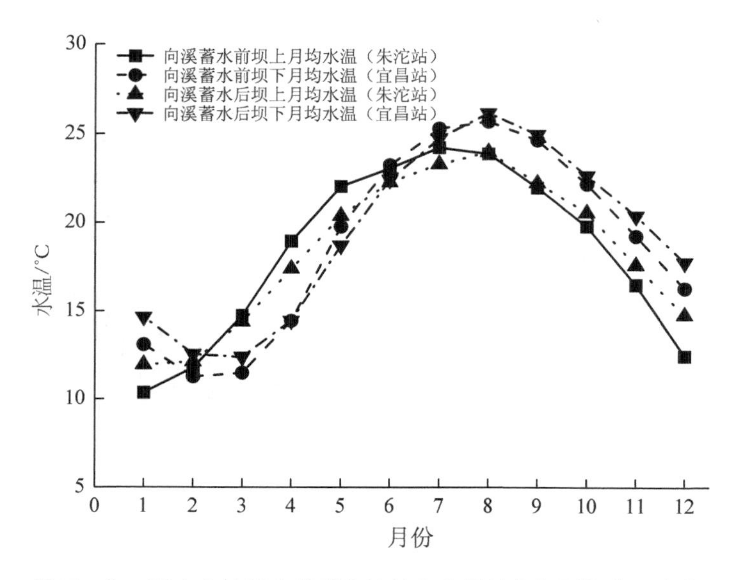


图 7　向—溪水电站蓄水前后朱沱站和宜昌站多年平均水温变化

为了进一步研究其对葛洲坝下中华鲟产卵场水温环境要素的影响，选取 2010—2016 年黄陵庙站和宜昌站的逐日水温变化情况进行分析（见图 8 和图 9）。由图中可以看出，向—溪水电站蓄水前后水温的年际变化不大，但中华鲟产卵区域适宜水温开始时间、结束时间及持续时间各不相同。选取 2012 年数据代表向—溪水电站蓄水前水温变化，适宜水温开始时间是 10 月 25 日，结束时间是 12 月 14 日，持续时间为 50 天左右；选取 2013 年代表向—溪水电站蓄水当年水温变化，适宜水温开始时间是 12 月 2 日，结束时间是 12 月

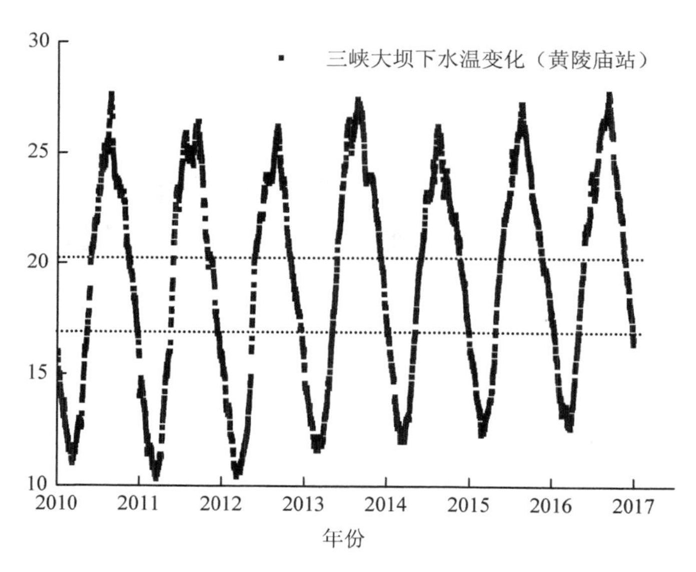


图 8　2010—2016 年黄陵庙站水温变化

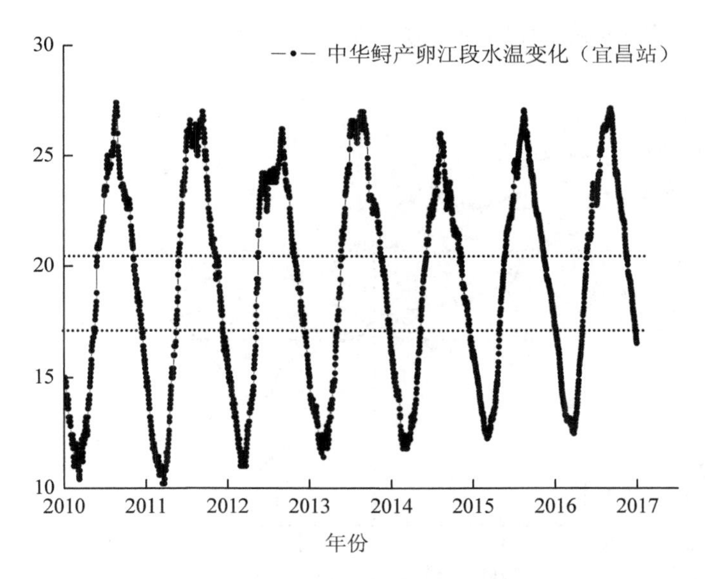


**图 9　2010—2016 年宜昌站水温变化**

31 日，持续时间为 30 天左右；选取 2016 年代表向一溪水电站蓄水后 3 年水温变化，适宜水温开始时间是 11 月 17 日，结束时间是 12 月 26 日，持续时间为 40 天左右。可以明显看出，向一溪水电站蓄水后，葛洲坝下中华鲟产卵场水温的变化是非常剧烈的，以 2012 年水温变化为参照，2013 年不但进入适宜水温的时间延迟一个月左右，而且持续时间大大缩小，减少了将近一半时间，这对中华鲟的产卵繁殖行为是相当不利的。

## 2.3　梯级电站蓄水后上下游水温情势变化

综合考虑梯级电站蓄水后上下游水温的变化影响，选取黄陵庙站 1998—2016 年典型年份的水温情势变化进行分析，并探讨其与中华鲟产卵适宜水温的影响关系。选取三峡和向一溪水电站蓄水前后的年份，以及中华鲟产卵不确定性的 2013—2016 年的水温资料进行分析。图 10 显示了黄陵庙站在 1998 年、2003 年、2005 年、2012 年、2013 年、2014 年、2015 年以及 2016 年 10—12 月的月均水温变化。

由图 10 可以看出，2003—2012 年 10 年间，即三峡大坝蓄水后，黄陵庙站月均水温均在 10 月中下旬降至中华鲟产卵适宜温度范围内，只是时间上推迟 7～10 天。黄陵庙站月均水温在 2013 年发生了较大的变化，滞温效应使得该处水温在 12 月初才降至中华鲟产卵适宜温度范围内，这已经大大超过了中华鲟繁殖期，前述 2013—2015 年未发生中华鲟产卵行为，两者存在一定的关联性。2014—2016 年，即向一溪水电站蓄水后，黄陵庙站月均水温大致分布相同，相比较 2013 年的严重之后，这三年间水温均能在 11 月中下旬降至中华鲟产卵适宜温度范围内，但也比向一溪水电站蓄水前滞后了较长时间。由此可见，梯级水电建设产生了一定的水温累计影响，对中华鲟产卵场的水温变化有较强的调节作用。

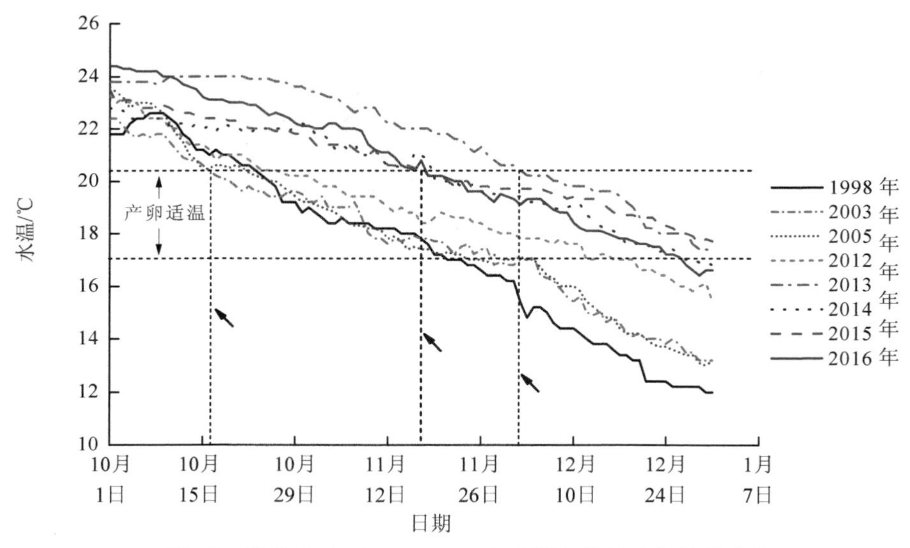


图 10　黄陵庙站 1998—2016 年典型年份的水温情势变化

## 3　结论

长江上游梯级电站建成后，彻底改变了坝下的水温变化过程，这些变化使得葛洲坝下中华鲟产卵场的自然条件发生了较大改变，水温已成为中华鲟产卵的关键限制因子之一。梯级水电开发对水温的影响主要表现为大坝蓄水前后明显的滞温和滞冷效应，这使得中华鲟产卵的开始时间开始延后，产卵持续时间也相应地缩短，甚至有的年份还出现不产卵的行为。值得注意的是，除大坝对水温造成的滞迟效应外，当地的气候特征如气温也会对该区域的水温造成一定的影响等，目前，这些影响因子对水温变化的贡献大小和作用因子尚无定论，仍然需要进一步研究和论证。

## 参考文献


[1] Huang Z，Wang L. Yangtze dams increasingly threaten the survival of the Chinese Sturgeon[J]. Current Biology，2018，28：3640-3647.

[2] 常剑波，曹文宣. 中华鲟物种保护的历史与前景[J]. 水生生物学报，1999（6）：712-720.

[3] 杨德国，危起伟，陈细华，等. 葛洲坝下游中华鲟产卵场的水文状况及其与繁殖活动的关系[J]. 生态学报，2006，27（3）：862-869.

[4] 毛劲乔，戴会超. 重大水利水电工程对重要水生生物的影响与调控[J]. 河海大学学报（自然科学版），2016，44（3）：240-245.

[5] 雷欢，陈锋，黄道明. 水温对鱼类的生态效应及水库温变对鱼类的影响[J]. 环境影响评价，2017（4）：36-39.

[6] 邢领航，刘孟凯，黄国兵.葛洲坝坝下江段水温变化影响因素分析[J]. 长江科学院院报，2013，30（8）：90-96.

[7] 惠二青，毛劲乔，戴会超. 上游水库水温情势变化对中华鲟产卵江段水温的影响[J]. 水利水电科技进展，2018，38（2）.

[8] 骆辉煌，李倩，李翀，等. 金沙江下游梯级开发对长江上游保护区鱼类繁殖的水温影响[J]. 中国水利水电科学研究院学报，2012，10（4）：256-259.

[9] 赵越，周建中，张华杰，等. 三峡水库提前蓄水对中华鲟产卵的影响[J]. 水力发电学报，2013，32（5）：83-89.

[10] 余文公，夏自强，于国荣，等. 三峡水库水温变化及其对中华鲟繁殖的影响[J]. 河海大学学报（自然科学版），2007，35（1）：92-95.

[11] 陶雨薇，王远坤，王栋，等. 三峡水库坝下水温变化及其对鱼类产卵影响[J]. 水力发电学报，2018，37（10）：50-57.

[12] 郭文献，王鸿翔，夏自强，等. 三峡-葛洲坝梯级水库水温影响研究[J]. 水力发电学报，2009，28（6）：182-187.

[13] 危起伟. 中华鲟繁殖行为与资源评估[D]. 北京：中国科学院研究生院，2003.

[14] 陶江平，乔晔，杨志，等. 葛洲坝产卵场中华鲟繁殖群体数量与繁殖规模估算及其变动趋势分析[J]. 水生态学杂志，2009，2（2）：37-43.

[15] 赵威. 中华鲟产卵场地形演变及水动力特性研究[D]. 武汉：长江科学院，2016.

[16] 吴金明，王成友，张书环，等. 从连续到偶发：中华鲟在葛洲坝下发生小规模自然繁殖[J]. 中国水产科学，2017，24（3）：425-431.

[17] 余文公，夏自强，蔡玉鹏，等. 三峡水库蓄水前后下泄水温变化及其影响研究[J]. 人民长江，2007，38（1）：20-23.

[18] 刘昭伟，吕平毓，于阳，等.50 年来金沙江干流水温变化特征分析[J]. 淡水渔业，2014，（6）：49-54.

[19] 邹振华，陆国宾，李琼芳，等. 长江干流大型水利工程对下游水温变化影响研究[J]. 水力发电学报，2011，30（5）：139-144.

[20] 黄真理，王鲁海，任家盈. 葛洲坝截流前后长江中华鲟繁殖群体数量变动研究[J]. 中国科学：技术科学，2017（8）：91-101.

# 岷江中游水环境时空变化趋势

袁 娜 罗 乐 汪青辽 张 信 强继红
（中国电建集团昆明勘测设计研究院有限公司，昆明 650051）

**摘 要**：岷江作为四川省“一横两纵六线”航道布局中重要的“两纵”之一，对四川内河水运综合运输体系发展具有重要作用。对比分析岷江中游成都—乐山河段航电梯级开发规划实施前后，岷江代表断面水文情势、污染源情况、水质因子以及富营养变化情况及其原因，探讨岷江成都至乐山段水质变化趋势及航电梯级开发对水质的影响。结果表明，府河汇合后岷江干流区间污染负荷量较少，岷江中游水质主要受制于成都市主城区城镇生活污染的影响。岷江干流（成都九眼桥—乐山肖公嘴段）水质在空间分布上呈现上游至下游沿程好转的趋势；随着生产力的进步、产业结构调整及各项污染防治措施的落实，在时间分布上呈逐年好转的趋势。岷江彭山江口至乐山段航电枢纽工程库区营养状态为中营养—中度富营养，但因规划河段航电工程均为日调节型，水体流动性较好，全库区发生富营养化的风险较低。研究成果可为航电发展水环境影响分析提供工作思路，同时为岷江中游航电发展、梯级水库开发以及水环境治理提供参考依据。

**关键词**：岷江中游；水文情势；水环境；富营养化；航电开发

# Water Environment Variation of the Middle Reaches of Minjiang River

**Abstract**: As one of the important “two longitudinal” waterways in Sichuan province, Minjiang River is critical in the development of inland river transportation in Sichuan province. This paper analyzed the hydrological situation, pollution sources, water quality, eutrophication and their causes, to determine the variation trends of water environment of Minjiang River reaches between Chengdu and Leshan. The impacts of navigation and hydropower development were discussed based on water

---

作者简介：袁娜（1992—），女，硕士研究生，工程师，就职于中国电建集团昆明勘测设计研究院有限公司，主要从事环境水力学研究。E-mail：yuanyuankm92@163.com。

monitoring data. The results showed that after the confluence of Fuhe River, the pollution load of Minjiang River was less, and the water quality in the middle Minjiang River was mainly affected by urban living pollution of Chengdu urban area. The water quality improved along the main stream of Minjiang River from upstream (Jiuyanqiao cross in Chengdu) to downstream (Xiaogongzui cross in Leshan). With the optimization in productivity, the adjustment of industrial structure, and the implementation of pollution control measures, the water environment of Minjiang improved year by year. Low risk of eutrophication in the whole reservoir area was observed because the good flow pattern in daily regulation. The research results can provide ideas for the analysis of water environment impact of the navigation and hydropower development, and provide reference for the planning of navigation and hydropower, the development of cascade reservoirs and water environment treatment in the middle reaches of Minjiang River.

**Keywords:** the middle reaches of Minjiang River; hydrological conditions; water environment; eutrophication; navigation and hydropower development

## 1 前言

随着我国航电建设规模的扩大和公众环境保护意识的提高，航电建设导致的水环境影响日益受到人们的关注，有的甚至成为制约航电可持续发展的主要因素。随着航电规划实施，梯级库群的建成改变了原来河流的水文情势和水中污染物、营养盐输移转化的规律，进而导致了水质的变化[1-4]。有研究表明，金沙江中下游梯级水库的建成和运行，使得河流水面抬升，流速变缓，水体自净能力减弱，水环境容量有所降低[5]。而有研究者表明，梯级水电开发并不是造成河流水质发生改变的根本性原因，河流水质变化主要是受到上游来流污染负荷、区间工业废水和生活污水的直接排放的影响[6-7]。不同经济发展程度、航运开发方式以及河流水力条件等是影响航电规划河段水环境的主要因素[8-9]。近年来，长江流域航电建设步伐明显加快，而目前关于航电工程建设河段的水环境影响的主导因素以及水质变化规律的研究还较为缺乏。

岷江作为长江流域重要支流，是四川联结周边省市和长江中下游地区的重要纽带，是构建国家高等级水运网的重要组成部分[10]。岷江作为四川省航道布局中重要的“两纵”之一，对四川内河水运综合运输体系发展具有重要作用。为提高岷江水资源综合利用率，响应内河水运的科学综合发展，《四川省内河航运发展规划（2001—2050 年）》，对岷江成都至乐山段航道发展的规划目标是“提高航道等级，建设和完善航运基础设备，促使岷江成都—乐山全线通航，以充分发挥水运优势，促使客货运畅通，繁荣地区经济”[11-12]。本文在统计分析岷江中游成都至乐山段主要污染源的基础上，结合水质监测资料，以总量控制指标化学需氧量（COD）、氨氮（$NH_3$-N）以及特征污染物（TP）作为代表性水质因子，分析航电规划河段的水环境变化趋势，同时探究航电梯级开发对该河段的水质影响。研究成果可为航电发展水环境影响分析提供工作思路，同时为岷江中游航电规划、梯级水库开发以及水环境治理提供参考依据。

## 2 研究河段概况

### 2.1 航运现状

府河成都九眼桥至彭山江口段 71 km，岷江彭山江口至乐山肖公嘴段 115 km。府河成都九眼桥至彭山江口段航道普查时现状等级为Ⅶ级，但近年来受跨河建筑物施工和航道维护不够等影响，航道已处于断航状态。该河段为砂卵石河床，枯水河面宽 40～150 m，河段总落差 62 m，平均水面比降 0.78‰，流速 1.0～1.5 m/s。岷江彭山江口至乐山肖公嘴航道里程 115 km，航道基本达到Ⅵ～Ⅶ级。该河段总落差 68 m，平均水面比降 0.6‰，流速 1.0～3.0 m/s，其中江口至青神河面宽 250～500 m，河漫滩发育，多汊道，流水散乱，两岸建有防洪堤。青神以下，河床逐步收缩，进入平羌峡（30 km），河面束窄到 150～200 m，夹岸青山，蜿蜒迂回。流水过峡后，河谷开敞，于乐山肖公嘴与大渡河合流。枯水期航道尺度：水深 1.0 m，槽宽 15 m，弯曲半径 250 m。通行船舶 10～50 t 机驳船。

规划河段已建成汉阳航电枢纽、在建汤坝航电枢纽，其他规划的航电枢纽工程尚未动工，规划河段的航道等级低，航运基础设施薄弱，航运发展水平整体落后。根据现有《岷江成都至乐山段航运发展规划》，岷江成都至乐山段自上而下布置了 14 个梯级，成都九眼桥—彭山江口段布置 1#景观闸、2#景观闸、3#景观闸、永安、古佛堰、黄龙溪、牧马、江渎等 8 个梯级，彭山江口—乐山段布置尖子山、汤坝、季时坝、虎渡溪、汉阳等 5 个梯级。

岷江规划航道地理位置见图 1。

### 2.2 水文条件现状

岷江年径流量较为丰沛，但年内分配极不均匀，多集中于汛期。其中 6—9 月的径流量约占全年的 54%，由河水补充地下水；10—12 月的径流量约占全年的 28%，由都江堰的下泄水量、降水量、地下水及城市生活污水共同补给径流；次年的 1—2 月，径流量约占全年总量的 5%，主要由地下水回补及城市污水补给径流；3 月径流量仅占全年径流总量的 1.6%，降水量不多，都江堰无下泄水量，地下水位降至很低，回归地下水量较少，故 3 月的径流主要由城市生活污水、工业废水及地下水补给径流；4—5 月主要由降水和灌区的灌溉余水补给岷江径流，两个月的径流量约占全年总量的 11.4%。

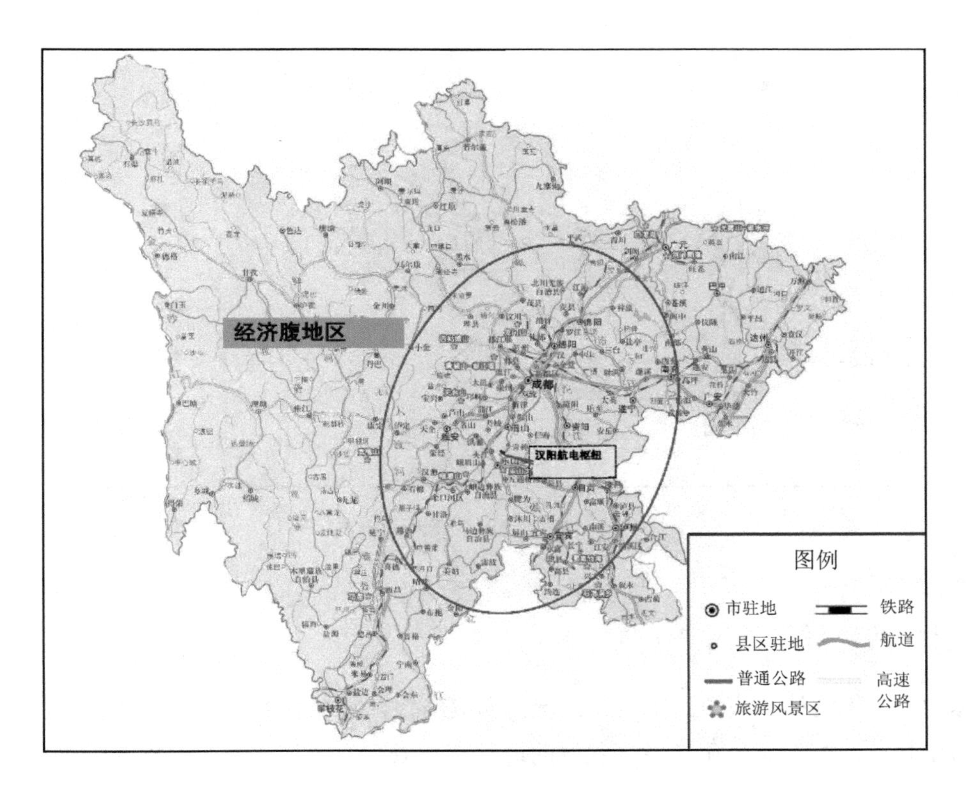


图 1　研究河段地理位置

据彭山水文站 1950—2005 年资料统计，岷江多年平均流量 419 $m^3/s$，年径流量 132 亿 $m^3$，水位变幅 7.5 m。岷江河流水系较为发育，支流众多，其中流域面积大于 50 $km^2$ 的支流 231 条、大于 1 000 $km^2$ 的支流 9 条，大于 3 000 $km^2$ 的河流有 3 条，主要支流有南河、府河、醴泉江、粤江河、思蒙河、茫溪河、马边河、龙溪河、越溪河等。

## 2.3 研究断面选取

本次研究河段（府河和岷江）共选取 9 个控制断面分析水质时空变化情况，各断面分布情况见图 2。其中选取 4 个代表断面分析水质随时间的变化情况，分别为永安大桥断面（分析府河来流水质）、黄龙溪断面（分析府河出流水质）、彭山岷江大桥断面（分析岷江来流水质）以及国控悦来渡断面（分析岷江出流水质）。

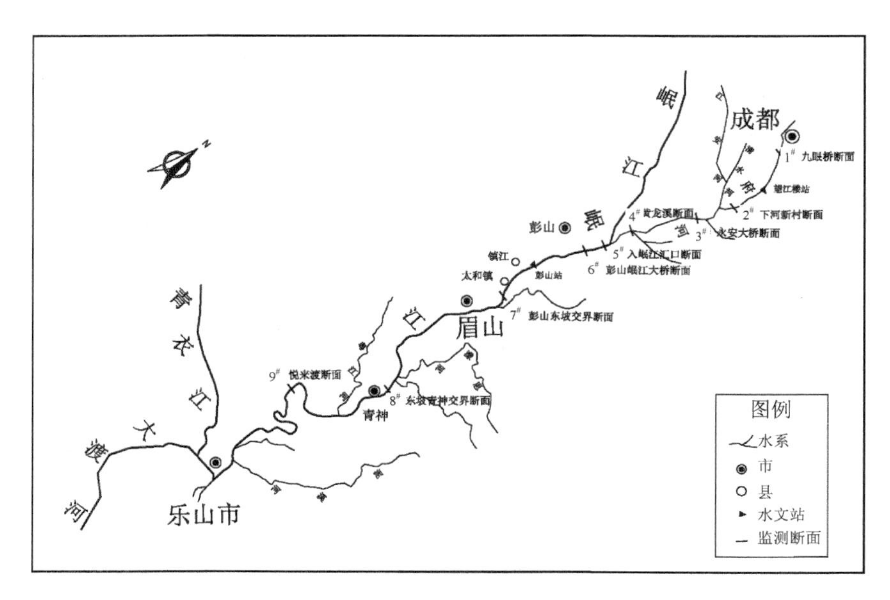


图 2　研究河段水质断面分布

## 2.4　研究河段污染源调查分析

据 2017 年统计整理的污染负荷情况，研究河段污染负荷主要来源于成都主城区城镇生活污染负荷，由于府河流经经济发达的成都市，成都市的生活污水给岷江带来较大的污染负荷，是制约研究河段水质条件的主要因素。以 2017 年环境统计数据为基础，结合实地调查以及各主要入河排污口的流量、水质监测数据对污染物排放数据进行校核。研究河段工业废水入河量为 8 065.4 万 t，其中眉山市东坡区工业污染负荷总量较大，污染较大的行业为造纸和纸制品业、农副食品加工业。2017 年农村生活污水、畜禽养殖污染以及农业面源污染主要来源于成都主城区下段沿河分布的区县。且由于该区域汛期暴雨频繁的气候条件，在不合理的灌溉施肥条件下，氮、磷类污染物流失较显著，研究河段农村生活污水、畜禽养殖污染以及农业面源污染 COD 入河总量为 22 830.42 t，$NH_3$-N 入河总量为 953.31 t，TP 入河量为 366.94 t。

根据总污染负荷统计情况（见图 3 至图 5），研究河段 COD 年入河量为 107 381.11 t，其中来流污染占评价河段 COD 负荷总量的 22%，城镇生活污染负荷占评价河段 COD 负荷总量的 52%。$NH_3$-N 年入河量为 11 929.16 t，城镇生活污染负荷占评价河段 $NH_3$-N 负荷总量的 69%。TP 年入河量为 1 989 t，城镇生活污染负荷占评价河段负荷总量的 57%，来流污染负荷占 22%。

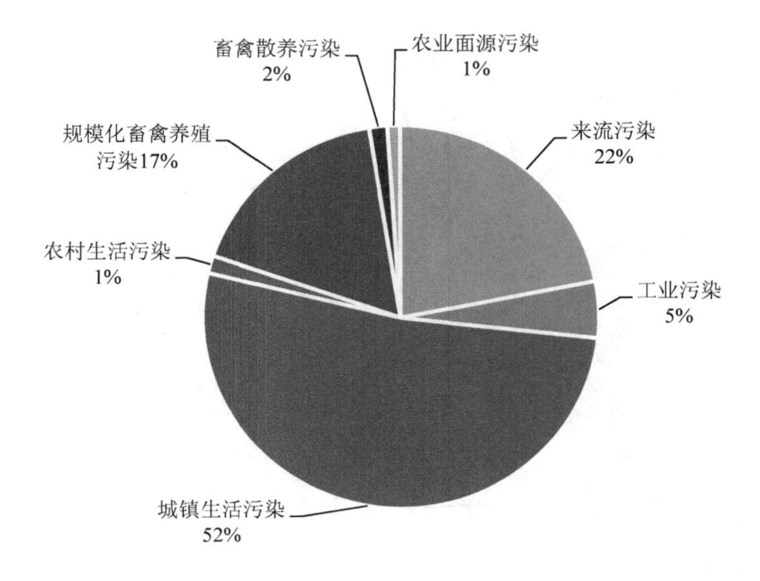


图 3　2017 年研究河段 COD 入河比例

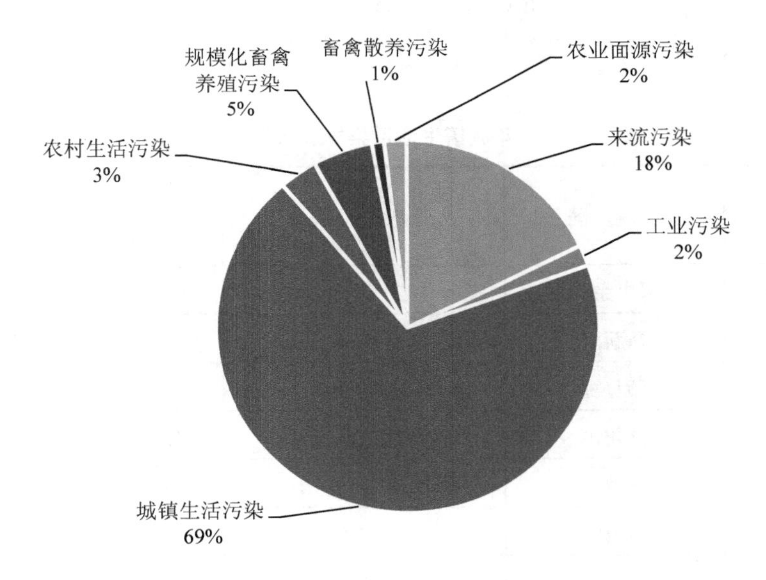


图 4　2017 年研究河段 $NH_3$-N 入河比例

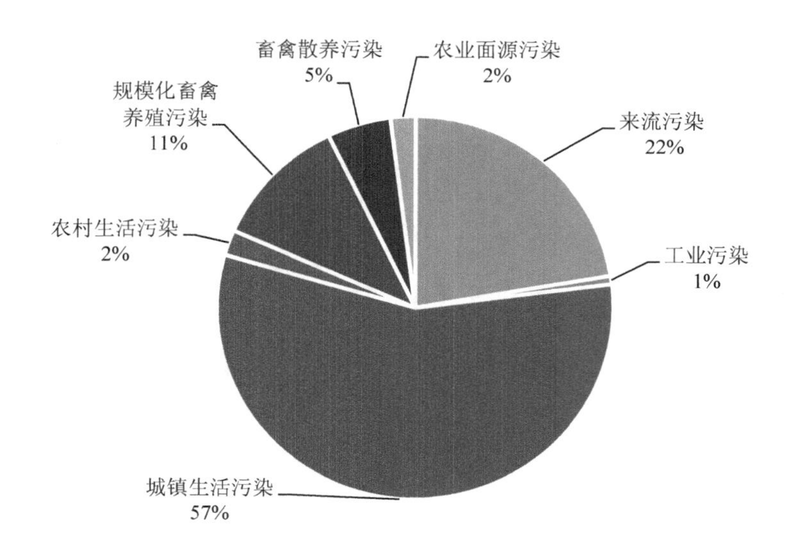


图 5　2017 年研究河段 TP 入河比例

进一步分析统计，2017 年成都市主城区的城镇生活废水入河量为 25 221.6 万 t，入河废水量占评价区域入河废水总量的 93%，COD 入河量占评价区入河总量的 90%，氨氮占 90%，总磷占 92%（见表 1）。

表 1　2017 年城镇生活污染排放入河负荷统计

| 地级市 | 控制片区 | 污水入河/万 t | 污染物入河总量/（t/a） | | |
|---|---|---|---|---|---|
| | | | COD | 氨氮 | 总磷 |
| 成都市主城区 | 成都市主城区 | 25 221.6 | 50 185.8 | 7 463.5 | 1 029.5 |
| 天府新区 | 高新区 | 247.4 | 495.0 | 74.2 | 9.9 |
| | 双流片区 | 269.3 | 538.5 | 80.7 | 10.8 |
| | 青龙镇 | 22.6 | 150.6 | 20.4 | 2.3 |
| 眉山市 | 东坡区 | 1 028.4 | 2 930.9 | 397.4 | 45.2 |
| | 彭山区 | 213.6 | 793.3 | 107.6 | 12.2 |
| | 青神县 | 139.3 | 765.6 | 103.8 | 11.8 |
| 共计 | | 27 142.3 | 55 859.7 | 8 247.7 | 1 121.8 |

# 3 水质影响分析

## 3.1 水质随时间变化分析

为研究上一轮规划实施后，府河成都至彭山江口段及岷江江口至乐山段水质随时间变化情况，根据近 3 年已有水质调查监测成果，以永安大桥断面（分析府河来流水质）、黄龙溪断面（分析府河出流水质）、彭山岷江大桥断面（分析岷江来流水质）以及国控悦来渡断面（分析岷江出流水质）作为代表性断面，分析各代表断面总量控制因子 COD、$NH_3$-N 和特征污染物 TP 随时间的变化趋势。

### 3.1.1 永安大桥断面

2016—2018 年永安大桥断面水质变化情况见图 6 至图 8，高锰酸盐指数 2016 年全年年均值为 8.06 mg/L，2017 年为 10.04 mg/L，2018 年为 9.92 mg/L，虽然 2017 年较 2016 年有所增加，但各年均满足Ⅲ类水标准；$NH_3$-N 2016 年全年年均值为 1.71 mg/L，2017 年为 1.12 mg/L，2018 年为 1.58 mg/L，全年 $NH_3$-N 水平较波动，不满足Ⅲ类水标准；TP 2016 年全年年均值为 0.19 mg/L，2017 年为 0.51 mg/L，2018 年为 0.21 mg/L，各年不满足Ⅲ类水标准，且波动较大，但根据三年常规监测数据显示，TP 有逐年下降的趋势。其中汛期 $NH_3$-N 和 TP 水平较高，主要原因是汛期降雨带来的污染负荷较大。

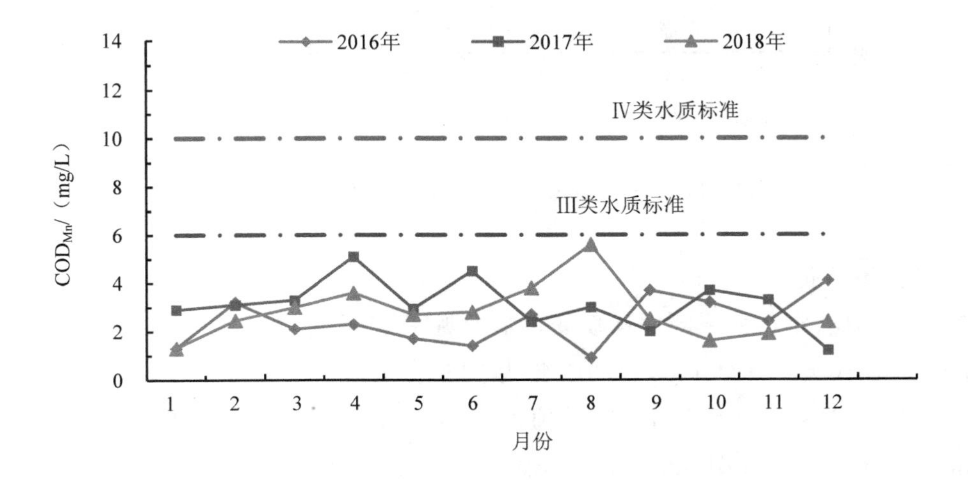


图 6 2016—2018 年永安大桥断面高锰酸盐指数随时间变化趋势

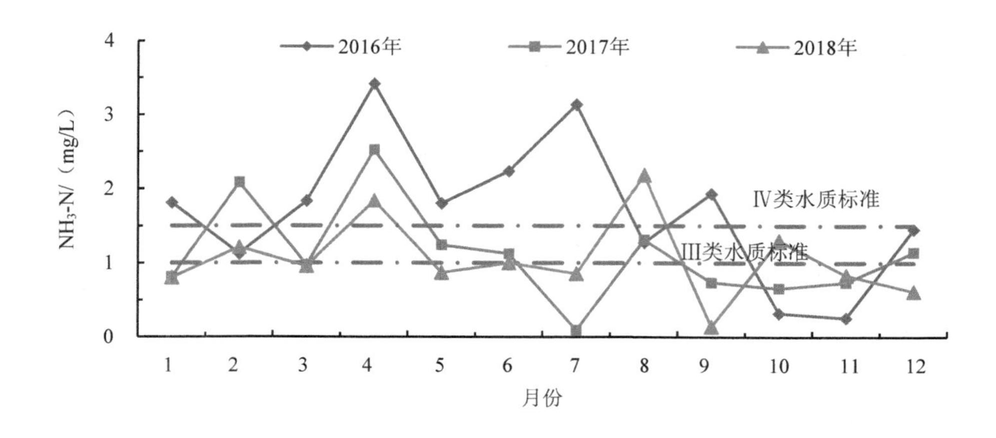


图 7　2016—2018 年永安大桥断面 $NH_3$-N 随时间变化趋势

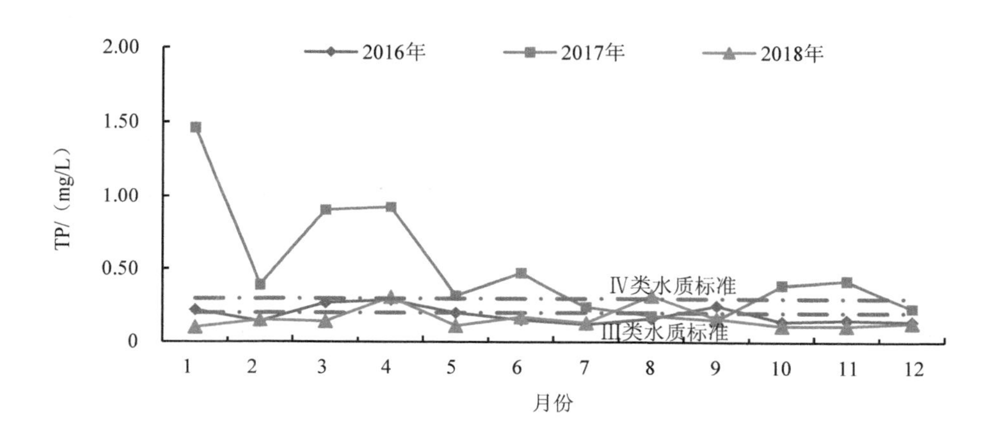


图 8　2016—2018 年永安大桥断面 TP 随时间变化趋势

### 3.1.2　黄龙溪断面

2015—2018 年黄龙溪断面水质变化情况见图 9 至图 11，COD 2015 年年均值为 18.9 mg/L，2016 年为 17.9 mg/L，2017 年为 18.2 mg/L，2018 年为 15.5 mg/L，各年均满足Ⅲ类水标准；$NH_3$-N 2015 年全年年均值为 1.25 mg/L，2016 年为 1.48 mg/L，2017 年为 1.38 mg/L，2018 年为 1.41 mg/L，全年较波动，不满足Ⅲ类水标准；TP 2015 年全年年均值为 0.33 mg/L，2016 年为 0.43 mg/L，2017 年为 0.35 mg/L，2018 年为 0.22 mg/L，各年不满足Ⅲ类水标准，且波动较大，但自 2016 年起，总磷有逐年下降的趋势。其中汛期 $NH_3$-N 和 TP 水平较高，主要原因是汛期降雨带来的污染负荷较大。

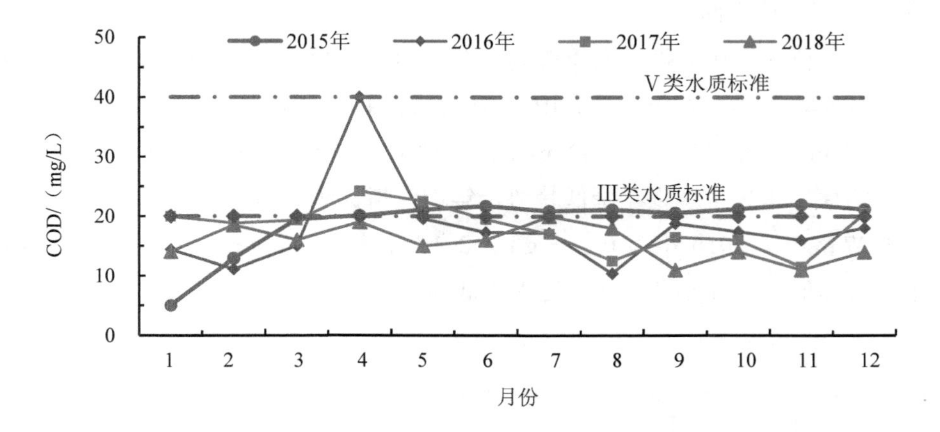


图 9　2015—2018 年黄龙溪断面 COD 随时间变化趋势

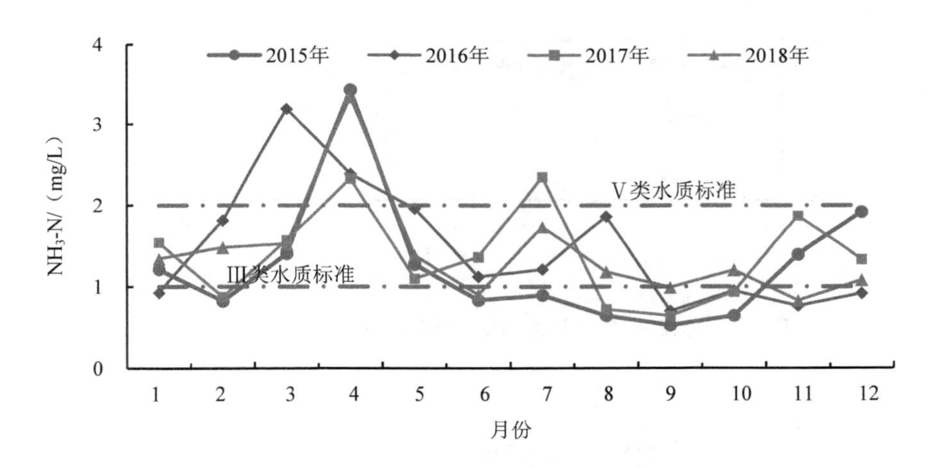


图 10　2015—2018 年黄龙溪断面 $NH_3$-N 随时间变化趋势

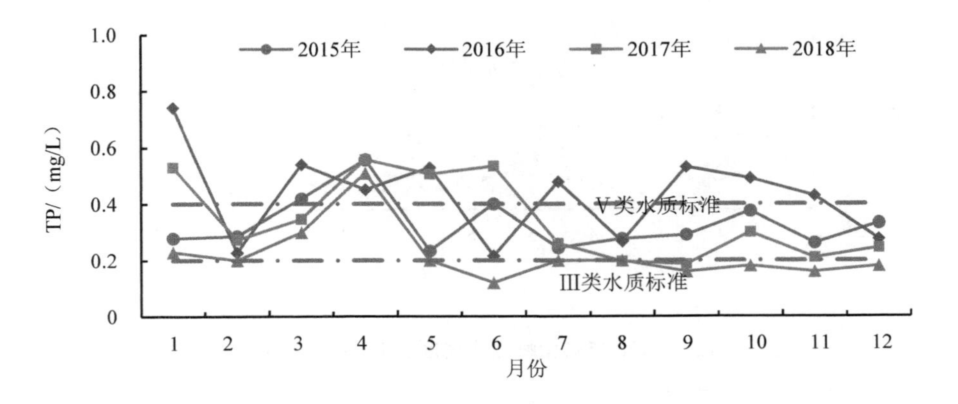


图 11　2015—2018 年黄龙溪断面 TP 随时间变化趋势

### 3.1.3 彭山岷江大桥断面

彭山岷江大桥断面作为岷江入境控制断面，2015—2018 年断面水质变化情况见图 12 至图 14，COD 年均值指标各年均达到III类水标准；$NH_3$-N 2015 年全年年均值为 0.67 mg/L，2016 年为 0.58 mg/L，2017 年为 0.52 mg/L，2018 年为 0.53 mg/L，除个别月份不满足III类水标准外，$NH_3$-N 水平呈现逐年降低趋势，年均值指标满足III类水标准；TP 2015 年全年年均值为 0.27 mg/L，2016 年为 0.25 mg/L，2017 年为 0.22 mg/L，2018 年为 0.17 mg/L，各年已小于目标值 0.33 mg/L[①]，并呈逐年降低的趋势。

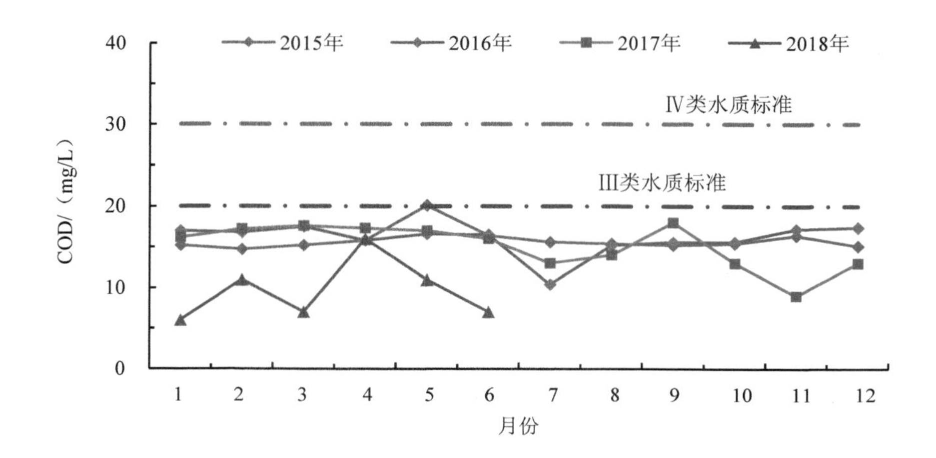


图 12　2015—2018 年彭山岷江大桥断面 COD 随时间变化趋势

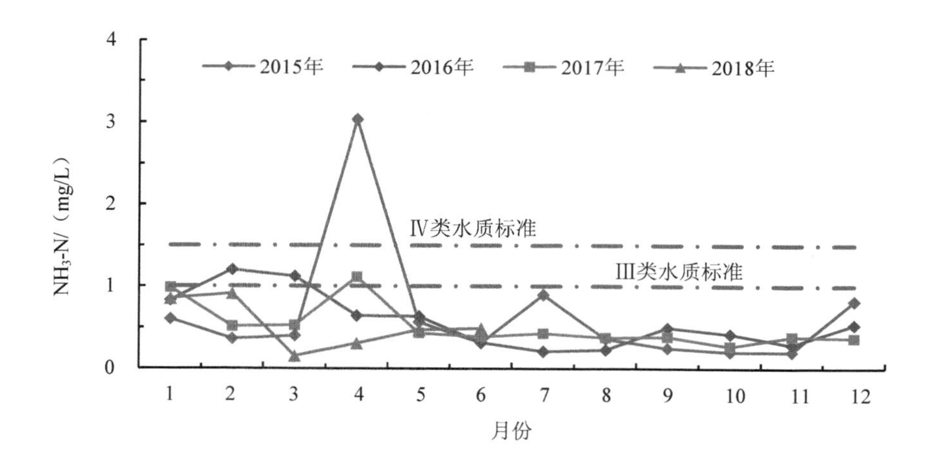


图 13　2015—2018 年彭山岷江大桥断面 $NH_3$-N 随时间变化趋势

① 按照生态环境部与四川省人民政府签订的《水污染防治目标责任书》，彭山岷江大桥 2020 年 TP≤0.33 mg/L、其他指标为Ⅳ类，岷江悦来渡口 2020 年 TP≤0.32 mg/L、其他指标为Ⅳ类。

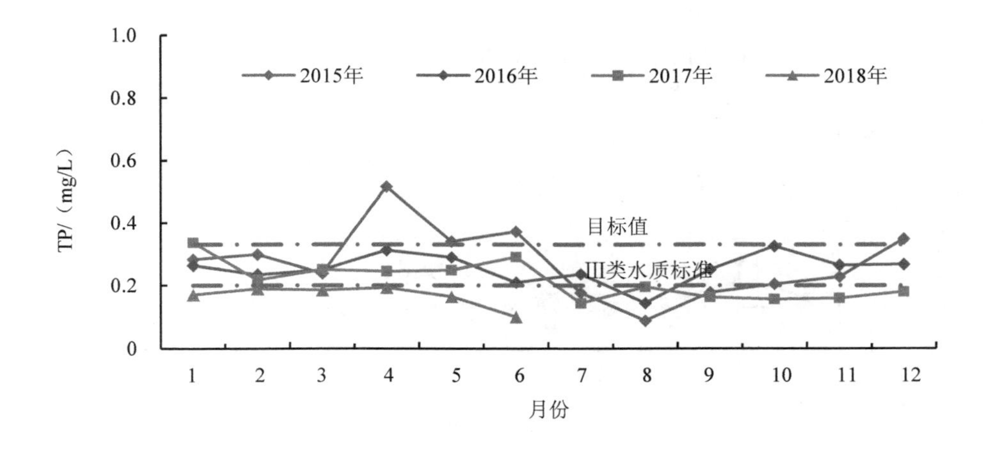


图 14　2015—2018 年彭山岷江大桥断面 TP 随时间变化趋势

### 3.1.4　悦来渡断面

悦来渡断面作为眉山市出境控制断面，COD 年均值指标各年均达到III类水标准；$NH_3$-N 2015 年全年年均值为 0.39 mg/L，2016 年为 0.49 mg/L，2017 年为 0.35 mg/L，2018 年为 0.38 mg/L，全年满足III类水标准；TP 2015 年全年年均值为 0.50 mg/L，2016 年为 0.26 mg/L，2017 年为 0.21 mg/L，2018 年为 0.18 mg/L，各年均已小于目标值 0.32 mg/L①，并呈逐年降低的趋势（见图 15 至图 17）。

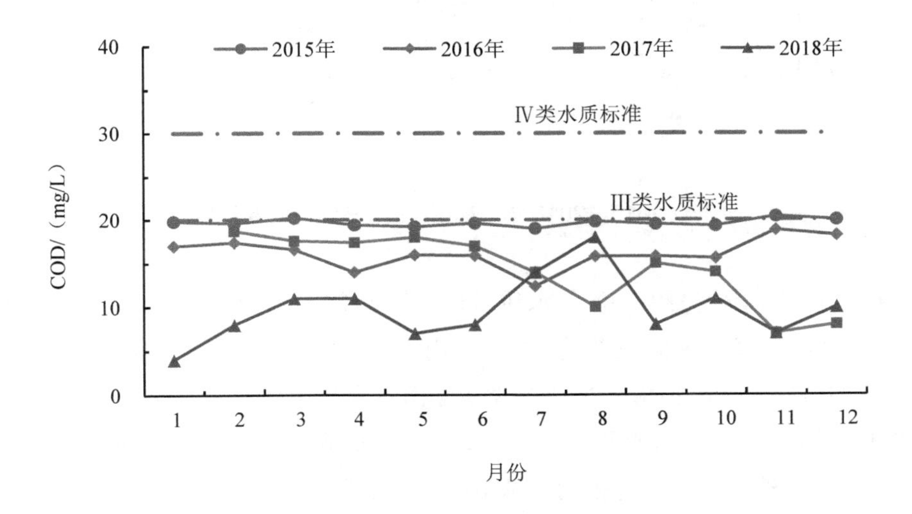


图 15　2015—2018 年悦来渡断面 COD 随时间变化趋势

① 按照生态环境部与四川省人民政府签订的《水污染防治目标责任书》，彭山岷江大桥 2020 年 TP≤0.33 mg/L、其他指标为IV类，岷江悦来渡口 2020 年 TP≤0.32 mg/L、其他指标为IV类。

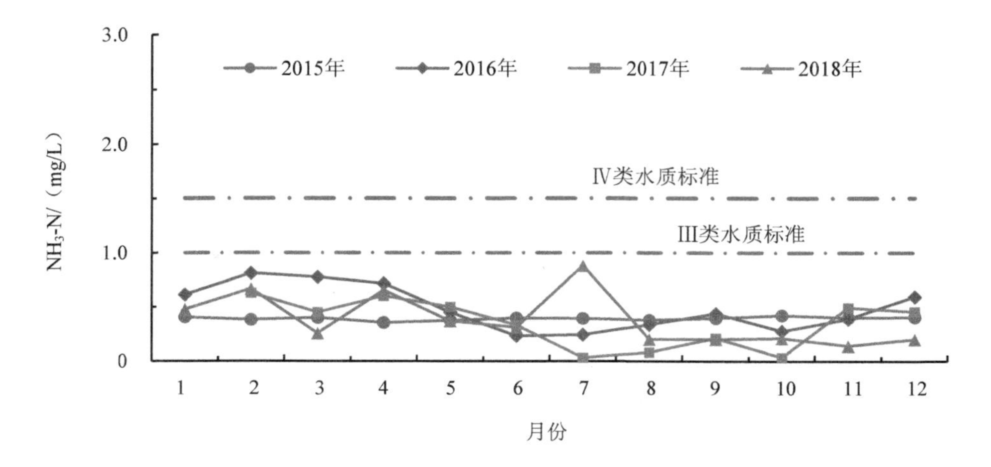


图 16　2015—2018 年悦来渡断面 $NH_3$-N 随时间变化趋势

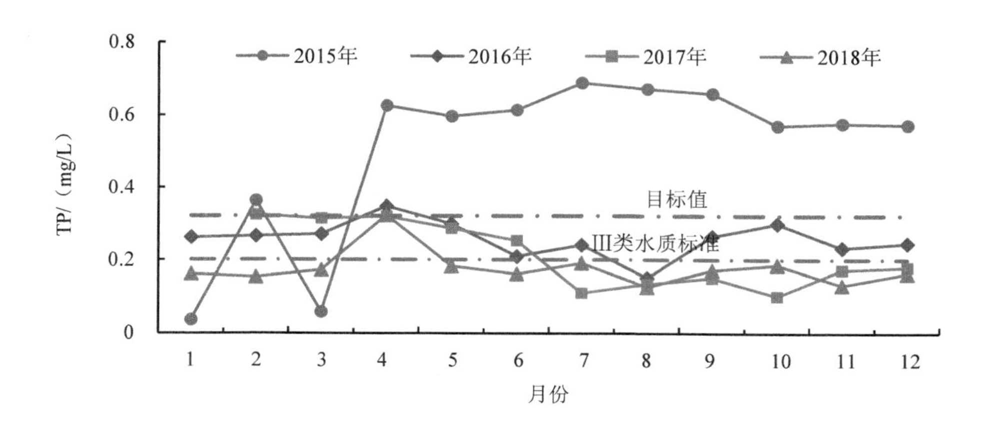


图 17　2015—2018 年悦来渡断面 TP 随时间变化趋势

根据府河和岷江段重要干支流的水质目标（见表 2），到 2020 年，永安大桥断面水质目标应满足Ⅳ类，黄龙溪断面应满足Ⅴ类，彭山岷江大桥断面和悦来渡断面除 TP 指标外，其余指标满足Ⅳ类。截至 2018 年，永安大桥断面不满足Ⅳ类水质指标，主要是 $NH_3$-N 和 TP 超标严重；黄龙溪断面不满足Ⅴ类水质指标，主要是 $NH_3$-N 超标严重；彭山岷江大桥断面和悦来渡断面整体水质改善较大，满足Ⅲ类水质指标，已满足水功能区水质目标。

表 2　研究河段重要断面水质目标

| 序号 | 河流 | 断面名称 | 断面属性 | 断面性质 | 现状水质 | 2020 年水质目标 | 水功能区水质目标 |
| --- | --- | --- | --- | --- | --- | --- | --- |
| 1 | 府河 | 永安大桥 | — | 省控 | 劣Ⅴ | Ⅳ | Ⅲ |
| 2 | 府河 | 黄龙溪 | 市界（成都—眉山） | 国控 | 劣Ⅴ | Ⅴ | Ⅲ |
| 3 | 岷江干流 | 彭山岷江大桥 | — | 国控 | Ⅲ | Ⅳ（TP≤0.33 mg/L） | Ⅲ |
| 4 | 岷江干流 | 悦来渡 | 市界（眉山—乐山） | 国控 | Ⅲ | Ⅳ（TP≤0.32 mg/L） | Ⅲ |

## 3.2　水质随空间变化分析

为研究规划实施后，岷江中游（成都至乐山段）水质随空间变化过程，根据 2016—2018 年水质监测成果，特选取总量控制因子 COD、$NH_3$-N 和特征污染物 TP 进行分析，研究河段水质沿程分析选取 9 个监测断面，各断面距九眼桥断面的距离见表 3。由图 18 至图 20 可知，上一轮规划实施后，COD 沿程变化较为平稳，维持在Ⅲ类水指标，水质逐年变好。$NH_3$-N 除锦江段下河心村、永安大桥、黄龙溪断面超过Ⅲ类水质标准外，其余断面沿程均稳定达到Ⅲ类水标准，总体来看，$NH_3$-N 有沿程降低趋势。2018 年，除永安大桥断面、黄龙溪断面和入彭山岷江南河汇合处断面超过Ⅲ类水质标准外，其余断面沿程均稳定达到Ⅲ类水标准，总体来看，TP 有沿程减小且逐年改善的趋势。主要超标断面主要集中于府河段，说明成都主城区污染负荷较大是影响断面达标的主要影响因素，区间污染负荷对下段水质影响较小。

表 3　岷江中游（成都至乐山段）沿程水质断面

| 序号 | 断面名称 | 距九眼桥断面距离/km |
| --- | --- | --- |
| 1 | 九眼桥景观闸坝 | 0 |
| 2 | 锦江段下河心村 | 3.2 |
| 3 | 永安大桥 | 7.1 |
| 4 | 黄龙溪 | 69.5 |
| 5 | 入彭山岷江南河汇合处 | 70.6 |
| 6 | 彭山岷江大桥 | 72.4 |
| 7 | 岷江彭东交界 | 90.1 |
| 8 | 岷江东青交界 | 108.6 |
| 9 | 青神悦来渡 | 144.6 |

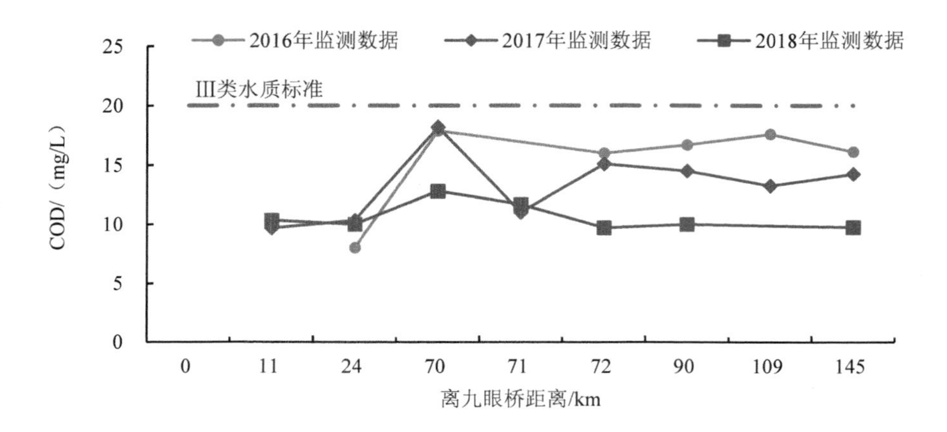


图 18　2016—2018 年 COD 沿程变化趋势

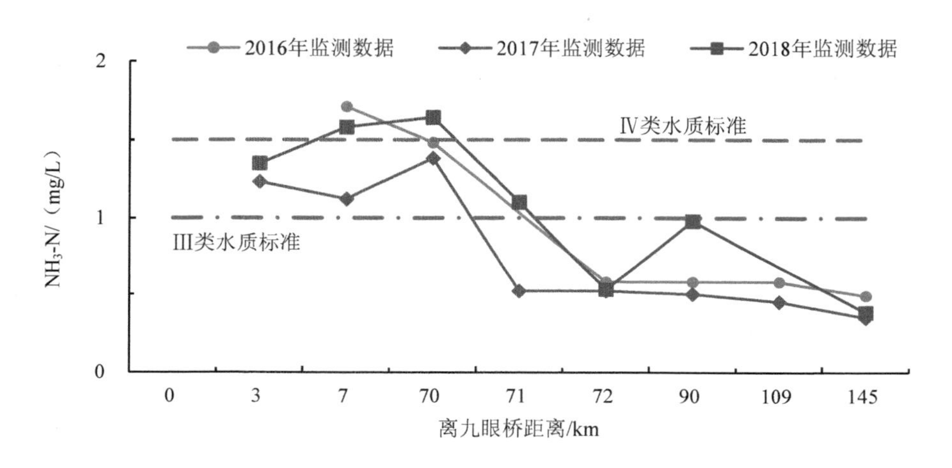


图 19　2016—2018 年 $NH_3$-N 沿程变化趋势

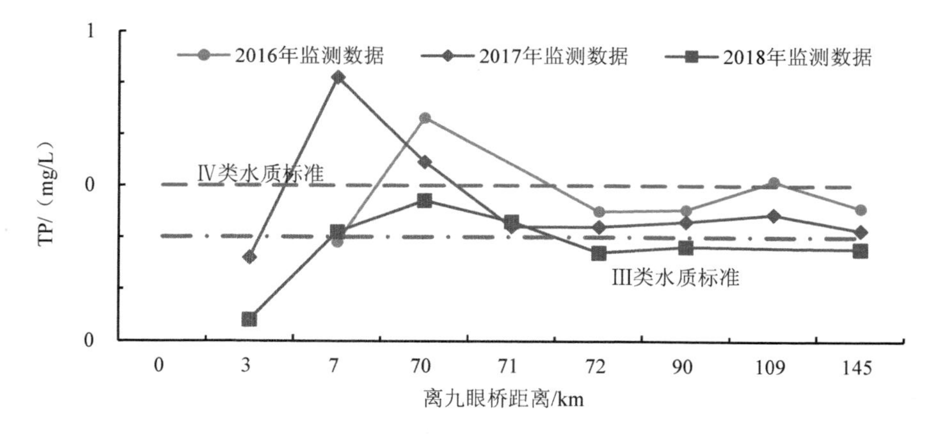


图 20　2016—2018 年 TP 沿程变化趋势

### 3.3 富营养化分析

结合已建景观闸及水库库区水质现状，随着污染治理力度的进一步加大，规划水平年进入岷江的污染负荷将有所减少，水质整体趋势变好。由于岷江中游府河段规划建设多为景观闸和橡胶坝，类比已建九眼桥景观闸以及沙河汇口处景观闸的富营养化情况，可为航道规划建设景观闸提供参考。根据 2019 年各工程上游水质监测情况，现状景观闸、航电工程库区营养状况基本为贫营养—中度富营养（见表 4）。景观闸坝虽会形成一定的壅水，闸坝前水位会有所抬升，但由于橡胶坝拦河坝高不高，为溢流坝，水体流动性较好，发生富营养化的可能性不大。

**表 4　规划河段现状景观闸、航电工程库区富营养化回顾评价结果**

| 现状工程 | 综合营养状态指数（TLI） | 营养状态 |
|---|---|---|
| 九眼桥景观闸 | 26.15 | 贫营养 |
| 沙河汇口处景观闸 | 26.21 | 贫营养 |
| 古佛堰梯级 | 36.24 | 中营养 |
| 汉阳梯级库中 | 65.94 | 中度富营养 |

## 4 结论

本文基于府河成都至彭山江口段及岷江江口至乐山段污染源统计资料以及水质监测数据，分析了航电梯级开发规划实施前后，岷江代表断面水文情势、污染源情况、水质以及富营养变化情况及其原因，探讨了岷江成都至乐山段水质变化趋势及航电梯级开发对水质的影响，主要结论如下：

（1）府河成都至彭山江口段及岷江江口至乐山段污染负荷主要来源于成都市主城区的生活污染负荷，府河成都至彭山江口段普遍较岷江江口至乐山段水质差，府河汇合后岷江干流区间污染负荷量较少，岷江中游航电梯级开发主要受制于上游成都市主城区城镇生活污染对规划河段水质的影响。

（2）随着生产力的进步、产业结构调整及各项污染防治措施的落实，研究河段水质在时间分布上呈逐年好转的趋势。COD 年均值指标各年均达到III类水标准；受主城区城镇生活污染负荷的影响，府河段全年 $NH_3$-N 水平较波动，不满足III类水标准，岷江段 $NH_3$-N 水平呈现逐年降低的趋势，年均值指标满足III类水标准；TP 有逐年降低的趋势。

（3）随着污染治理力度的进一步加大，进入岷江的污染负荷将有所减少，岷江干流（彭山江口—乐山肖公嘴段）水质在空间分布上呈现上游至下游沿程好转的趋势。

（4）现状景观闸回水区营养状况基本为贫营养—中营养，岷江彭山江口至乐山段航电枢纽工程库区营养状态为中营养—中度富营养，河段规划的航电工程均为日调节型，水体流动性较好，全库区发生富营养化的风险较低。

（5）按照水功能区分区保护的原则，加大水污染治理力度，建议制定干流、支流的水环境保护规划，维持干流、支流河段水功能区目标水质。

## 参考文献


[1] 倪志辉，王明会，张绪进，等. 乐山港一期工程通航水流条件及改善措施初探[J]. 水电能源科学，2013，31（10）：74-78.

[2] 龚清莲，刘颖，汤冰冰. 长江宜宾段水质时空分布特性分析[J]. 环境科学与技术，2016，39（3）：111-116.

[3] 付宁，王博. 松花江航电枢纽工程截流后水质状况调查与研究[C]. 中国环境科学学会2011年学术年会，2011.

[4] 张波. 大顶子山航电枢纽工程建库后上游水质总量控制研究[J]. 环境科学与管理，2005，30（6）：58-62.

[5] 麻泽龙，程根伟. 河流梯级开发对生态环境影响的研究进展[J]. 水科学进展，2006，17（5）：748-753.

[6] 薛联芳，顾洪宾，崔磊，等. 红水河干流梯级水电开发生态环境影响调查及对策建议[C]. 南方十三省水电学会联络会暨学术交流会，2008.

[7] 薛联芳，顾洪宾，韦兵，等. 红水河干流水电梯级开发对水质累积影响调查研究[J]. 水力发电，2013，39（4）：9-12.

[8] 倪志辉，孔祥远，张绪进. 岷江朱石滩航道整治工程方案计算与分析[J]. 水运工程，2015（9）：112-116.

[9] 王临清，周然. 西江航电枢纽二期工程营运初期对西江水环境的影响调查[J]. 水道港口，2007，28（5）：370-372.

[10] 陈国阶，涂建军，樊宏，等. 岷江上游生态建设的理论与实践[M]. 重庆：西南师范大学出版社，2006.

[11] 齐天乐. 重振四川内河航运[J]. 四川省情，2014（4）：14-15.

[12] 黄勤，贺晓春. 四川加快内河航运发展的条件与对策[J]. 四川省情，2018（12）：24-25.

# 淡水生态系统完整性判断概念模型在黑水河河流生态修复规划中的探索

黄 滨　傅菁菁　施家月　柏海霞　谭升魁

（中国电建集团华东勘测设计研究院有限公司，杭州 311122）

**摘　要**：为了明确黑水河河流生态修复规划目标的量化指标，更好地指导生态修复规划保护方案的制订，构建了包含水文情势、水质、连通性、栖息地、生物群落等5项关键属性的淡水生态系统完整性判断概念模型，通过河流生态系统完整性现状评估结果与规划期望目标差距分析，确定黑水河河流生态修复规划的期望产出及指标要求。结果表明：水质、生物群落等2项属性满足期望目标要求，水文情势、连通性等2项属性需由现状的“差”提高至“良好”，栖息地属性需由现状的“差”提高至“好”。

**关键词**：淡水生态系统完整性判断概念模型；黑水河；生态修复规划；期望产出

# Exploration on the Conceptual Model of Freshwater Ecosystem Integrity Judgment in the Ecological Restoration Planning of Heishui River

**Abstract:** This paper establishes a conceptual model of freshwater ecosystem integrity judgment with key attributes including hydrological situation, water quality, connectivity, habitat and biome, which can clarify the quantitative indicators of Heishui River ecological restoration planning goals, and guide the ecological restoration planning protection plan better. The expected output and indicator requirements for the ecological restoration plan of Heishui River can be confirmed through the gap analysis between the ecosystem integrity assessment results and analysis of planning target. The results show that the attributes of water quality and biome of Heishui River meet the desired target requirements, and the attributes of hydrological situation, connectivity and habitat should be

作者简介：黄滨，高级工程师，主要研究方向为河流生态修复。E-mail：huang_b@ecidi.com。

improved.

**Keywords:** conceptual model of freshwater ecosystem integrity judgment; Heishui River; ecological restoration planning; expected output

# 1 引言

黑水河属于金沙江左岸一级支流，全长 173.3 km，流域面积 3 653 km$^2$，是金沙江下游白鹤滩库区干流鱼类的重要替代生境和优先保护支流[1]，具有较高的鱼类生物多样性[2]，已被纳入金沙江下游乌东德和白鹤滩 2 座水电站的鱼类栖息地保护体系[3]。由于黑水河干流受水电开发、采砂、捕鱼等人为干扰影响，破坏了天然河流形态、河流水文水力学特征、河流连续性、鱼类栖息地等，河流生态面临严重退化威胁，需开展河流生态修复。

在制订河流生态修复规划时，需要选择合适尺度，并把景观格局的合理配置和提高异质性作为生态修复的主要任务之一[4]；进行河流生态修复规划的尺度应该是流域，而不是区域，也不能仅仅局限于河流廊道或者局限于具体河段[5-6]。本文借鉴美国大自然保护协会（TNC）提出的《淡水生物多样性保护工作实践指南》，在流域生态环境现状调查的基础上，建立黑水河生态系统完整性判断概念模型对流域生态现状进行评估，对照已确定的黑水河河流生态修复规划目标，明确生态修复规划的期望产出指标，以指导规划方案的制订。

# 2 黑水河生态系统完整性判断概念模型的建立

根据美国大自然保护协会提出的《淡水生物多样性保护工作实践指南》，淡水生态系统完整性由水文情势、连通性、水质、栖息地、生物群落等 5 项关键属性组成。研究结合黑水河河流生态特征及生态现状情况，提出适合黑水河流域的淡水生态系统完整性判断概念模型。鉴于黑水河流域污染源较少、河流水质现状较优，水质对生态系统完整性判断结果影响较小，研究不考虑进行水质属性判断标准的划分。

## 2.1 水文情势判断标准

水文情势的评估内容一般包括流量大小、涨水频次、涨水发生时间、涨水持续时间、流量过程改变河段范围等 5 个方面。考虑到黑水河已建 4 个电站的水库调节性能均较小，对涨水过程（涨水频次、涨水发生时间和持续时间）基本无影响；但引水式开发将改变部分河段的流量大小，因此选择流量大小、流量过程改变河段范围作为水文情势评估指标。

研究参考 Richter 等在水文变化指标（IHA）法[7]基础上提出的变化范围法（RVA 法）[8]，

并结合专家判断法，确定流量大小改变度小于 20%为无变化或低度变化，20%～80%为中度改变，大于 80%为高度改变。在此基础上，提出流量大小无变化或低度变化河段占比大于 80%且不存在高度改变河段，水文情势状态为“好”；流量大小无变化或低度变化河段占比大于 70%且不存在高度改变河段，水文情势状态为“良好”；流量大小无变化、低度变化或中度变化河段大于 80%，水文情势状态为“一般”；其余情况，水文情势状态为“差”。

## 2.2 连通性判断标准

连通性的评估内容包括连通河网长度、连通质量、不同连通条件的河段范围等 3 个方面。黑水河作为金沙江下游乌东德和白鹤滩 2 座水电站的鱼类栖息地保护支流，主要评估的是其与金沙江的连通性，判断指标为黑水河与金沙江连通的河网长度和连通质量。

黑水河最下游已建的老木河坝址至金沙江汇口连通河网长度现状为 50 km，其中最下游 20 km 将受到白鹤滩水电站水库回水影响，该河段也为黑水河生境条件最好的河段。在除去受白鹤滩回水影响的 20 km 河段情况下，以连通河网长度大于 70 km 为“好”（即增加连通河网长度进行生态补偿），以维持 50 km 为“一般”，小于 50 km 为“差”。

Jeong-Hui Kim 等对韩国 Nakdong 河上以非鲑鱼类为对象的桑菊堰鱼道过鱼效率的研究表明，鱼道诱鱼率和通过率分别为 20.7%和 14.5%[9]；国外相关研究表明，鱼道通过率最佳约 20%。为评价研究河段与金沙江的整体连通质量，本文提出“综合连通系数”[见式（1）]作为连通质量评价指标；综合连通系数＞0.8，连通质量条件为“好”；综合连通系数在 0.5～0.8，连通质量条件为“一般”；综合连通系数＜0.5，连通质量条件为“差”。

$$综合连通系数=\sum_{i=0}^{n}(L_i \times a^i)/L_{干} \tag{1}$$

式中：$L_i$ 为由下游向上游第 $i$ 个阻隔点和第（$i$+1）个阻隔点间的连通河网长度；$a$ 为单个阻隔点的过鱼率，第 $i$ 个阻隔点及下游均建设有过鱼设施时取 0.2（即单个阻隔点鱼道的通过率），否则取 0；$L_i \times a^i$ 为该河段的有效连通河网长度；$L_{干}$为黑水河干流长度 76.7 km。

本文以连通河网长度大于 70 km 且综合连通系数＞0.8，连通性综合评价为“好”；以连通河网长度大于 70 km 且综合连通系数＞0.7，综合评价为“良好”；连通河网长度小于 50 km 或综合连通系数＜0.5，综合评价为“差”；其余情况，综合评价为“一般”。

## 2.3 栖息地判断标准

健康的水生态系统具有稳定性和可持续性，具有维持其组织结构、自我调节和对胁迫的自我恢复能力[10]。在河流生态流量得到保障的情况下，河流形态、栖息地等可以自我调节和自我恢复，因此规划阶段暂不过多地考虑栖息地质量，在具体设计中或在实施后栖息地质量观测基础上再予以考虑；不同鱼类适宜的栖息地类型存在差异，栖息地类型的格局将影响栖息地修复后鱼类资源的组成，规划阶段重点考虑研究河段内的栖息地格局是否合适，本研究以非自然河道形态程度、不同栖息地格局/比例相似指数［Proportional Similarity Index，PSI，见式（2）］等 2 个指标，构建栖息地的判断标准。

$$PSI = 1 - \frac{1}{2}\sum_{i=1}^{n}(P_i - P_{0i}) \tag{2}$$

式中：$P_{0i}$ 为第 $i$ 种类型栖息地比例的基准值；$P_i$ 为评价河段第 $i$ 种类型栖息地的比例。

黑水河受河道采砂、桥梁和道路施工等影响，目前存在非自然形态河道。研究非自然河道形态程度指标，以河道形态改变河段多、形态改变大作为条件“差”的标准，没有非自然河道形态为条件“好”的标准，以有河道形态改变但形态改变不大为条件“一般”的标准。

由于缺乏黑水河历史生态状态和鱼类分布资料，本研究以目前鱼类资源最为丰富的老木河坝址以下河段的不同栖息地比例作为 PSI 评价的基准，即深潭河段 2%、河心滩河段 6%、岸边滩河段 22%、湍流河段 16%、滞水河段 40%、其他河段 50%（断面平均水深均不小于 0.5 m）。当 PSI 大于 0.7 时，评价为“好”；PSI 为 0.5～0.7 时，评价为“一般”；PSI 小于 0.5 时，评价为“差”。

以 PSI 指数为“好”、没有非自然河道形态为“差”的河段，栖息地综合评价为“好”；PSI 指数为“一般”或“好”且非自然河道形态为“差”的河段小于 5%，栖息地综合评价为“一般”；PSI 为“差”或非自然河道形态为“差”的河段大于 5%，栖息地综合评价为“差”。

## 2.4 生物群落判断标准

生物群落包括饵料生物群落、鱼类群落等方面，其受水文情势、连通性、栖息地等因子的影响，同时也受入侵种、捕捞等因素的威胁。由于已经建立水文情势、连通性和栖息地等属性的判断标准，生物群落属性判断指标不直接对饵料生物和鱼类群落进行评估，选择其他指标（即入侵种、捕捞）进行评估。

本研究入侵种指标以水产养殖品种存在外来种为“差”，以存在水产养殖但无外来种为“一般”，以无水产养殖为“好”。捕捞指标以年捕捞量大为“差”，以捕捞量总体不大为“一般”，以没有捕捞行为为“好”。当无水产养殖或渔业捕捞，生物群落综合评价为“好”；存在水产养殖（但无外来种）和渔业捕捞的河段总长度小于 50%，生物群落综合评价为“一般”；其余生物群落综合评价为“差”。

# 3 黑水河生态系统完整性现状

黑水河河流生态修复是在金沙江下游乌东德和白鹤滩2座水电站开发情况下开展的，黑水河生态系统完整性现状评估，以白鹤滩水电站回水影响作为基准条件，即黑水河最下游20 km不纳入现状评估范围。

## 3.1 水文情势现状评估

黑水河干流已建成苏家湾、公德房、松新、老木河等4个梯级，形成的2.5 km、4.7 km、8.2 km、3.6 km减水河段一般时段仅有坝址下泄10%的生态基流，流量大小改变度为高度改变；其余河段流量大小与天然条件基本一致，流量大小改变度为低度变化。流量大小无变化或低度变化河段占比为64.3%、流量大小高度变化河段占比为35.7%，黑水河干流水文情况属性现状综合评估为“差”。

## 3.2 连通性现状评估

黑水河76.7 km干流河段已建的4个梯级均未建设过鱼设施，连通河网长度为老木河坝址至白鹤滩水库支库库尾的约 31.2 km。老木河坝址以下河段的有效连通河网长度为31.2 km，老木河坝址以上河段的有效连通河网长度为0 km，现状综合连通系数约0.42，黑水河连通性综合评估为“差”。

## 3.3 栖息地现状评估

黑水河干流共有5.0 km处河段分布有非自然形态河道，主要受河道挖沙及临时施工道路影响，其中有4.4 km河段的形态改变河段较多且河道形态变化较大（5.7%），有0.6 km河段存在河道改变现象但河道形态改变不大；其余河段基本未受到人为因素的破坏或改变。根据现场调查、遥感影像及干流一维水动力计算结果，黑水河干流深潭河段2%、河心滩河段3%、岸边滩河段19%、湍流河段25%、滞水河段2%、其他河段49%（断面平均水深小于0.5 m的河段10%、其余39%），PSI为0.84。黑水河干流栖息地现状综合评估为“差”。

## 3.4 生物群落现状评估

调查显示，黑水河流域存在水产养殖，养殖品种中未发现外来种；流域内无专业渔民，捕捞量不大，但采用电捕方式，对鱼类存在一定影响；水产养殖分布零散、主要分布在支流，渔业捕捞为零星分布。黑水河流域生物群落现状综合评估为“一般”。

### 3.5 小结

对照黑水河生态系统完整性判断概念模型，以白鹤滩水电站回水影响作为基准条件，黑水河生态系统完整性现状评估结果为：水文情况属性现状为“差”、连通性属性现状为“差”、栖息地属性现状为“差”、生物群落属性现状为“一般”；河流水质现状较优，但黑水河支库存在一定富营养化风险，评估为“一般”。

## 4 黑水河河流生态修复规划期望产出的确定

在对黑水河河流生态现状调查的基础上，通过因果链的分析，以及地方政府、电站业主、地方电力公司、其他相关企业、当地居民和三峡集团公司等利益相关方期望的分析，确定了黑水河河流生态修复规划目标，即保护并恢复黑水河土著鱼类种群、与地方协调发展、生态修复品牌打造和示范宣传。本研究主要针对恢复黑水河土著鱼类种群的规划目标，结合利益相关方的期望，确定黑水河河流生态修复规划期望产出。

### 4.1 期望目标的确定

根据黑水河生态系统完整性现状评估结果，对照恢复黑水河土著鱼类种群的规划目标，确定生态修复规划的期望目标为：水文情况属性达到“良好”、连通性属性达到“良好”、栖息地属性达到“好”、生物群落属性和水质属性维持“一般”（见表 1）。

表 1 黑水河河流生态修复规划的期望目标

| 关键属性 | 现状 | | 期望目标 | |
|---|---|---|---|---|
| | 指标条件 | 评价 | 指标条件 | 评价 |
| 水文情势 | 流量大小无变化或低度变化河段占 64.3%、流量大小高度改变河段占 35.7% | 差 | 流量大小无变化或低度变化河段占比大于 70%，且不存在高度改变河段 | 良好 |
| 水质 | 水质状况良好，但黑水河支库存在一定富营养化风险 | 一般 | 水质状况良好，控制流域污染负荷，降低发生富营养化风险 | 一般 |
| 连通性 | 连通河网长度为 31.2 km，综合连通系数约 0.42 | 差 | 连通河网长度达到 70 km，综合连通系数不低于 0.7 | 良好 |
| 栖息地 | PSI 指数为好（0.84），非自然河道形态为“差”的河段占 5.7% | 差 | PSI 指数大于 0.7，且没有非自然河道形态为“差”的河段 | 好 |
| 生物组成 | 水产养殖分布零散、主要分布在支流；渔业捕捞为零星分布 | 一般 | 控制水产养殖规模和养殖品种，白鹤滩支库以上河段禁渔 | 一般 |

## 4.2 现状与期望目标的差距分析

根据水文情势、连通性、水质、栖息地、生物群落等 5 项关键属性现状与期望目标对比，主要存在的差距为：

（1）水文情势：需要解决的问题是改善已建各水电站减水河段的水文情势条件，主要是各坝址处下泄生态流量过程的优化调整和保障。

（2）水质：流域内水质条件总体良好，主要是避免黑水河支库发生富营养化，后期应加强区域污染源的控制和削减。

（3）连通性：需要解决的问题包括连通河网长度、连通质量两个方面，具体包括：①采用拆除阻隔点或建设过鱼设施，增加连通河网长度达到 70 km 以上；②保证连通河网内的连通质量，提高综合连通系数达到 0.7。

（4）栖息地：需要解决的问题包括非自然河道形态的修复、各梯级减水河段适宜性差的河段修复。

（5）生物群落：流域范围内的水产养殖和渔业捕捞情况总体良好，但后期应加强对水产养殖的控制，避免外来种对生态系统产生影响；考虑黑水河目前鱼类资源总量不大，渔业捕捞不利于鱼类资源量的恢复，后期可将白鹤滩回水以上干流河段划定为禁渔区。

## 4.3 期望产出及指标确定

黑水河生态系统完整性现状评估结果表明，水质属性、生物群落属性满足期望目标要求，水文情势、连通性、栖息地等 3 项属性不能达到期望目标要求。栖息地是鱼类生存的基础，但栖息地状态直接受水文情势的影响，实现规划目标关键属性重要性依次为：水文情势＞栖息地＞连通性。关键属性的期望产出及指标见表 2。

表 2 黑水河河流生态修复规划的期望产出及指标

| 关键属性 | 期望产出 | 期望产出的指标 |
|---|---|---|
| 水文情势 | 实现关键区域的生态流 | 流量大小无变化或低度变化河段占比大于 70%，且不存在高度改变河段 |
| | | 各闸坝逐日日均下泄的生态流量较天然变幅不大于 60% |
| 栖息地 | 恢复栖息地条件 | 无非自然形态河道分布，现状非自然形态河道进行修复 |
| | | PSI 指数维持在 0.7 以上 |
| 连通性 | 恢复河道连通性 | 连通河网长度达到 70 km |
| | | 综合过鱼系数达到 0.7 |

# 5 黑水河河流生态修复规划保护方案

## 5.1 规划保护方案介绍

根据因果链分析结果，提出了生态流管理、栖息地修复、拆坝、限制新坝建设、建设过鱼设施、涵洞改造、道路交叉点管理、鱼类增殖放流、政策改变和执行等 9 类保护行动建议。通过对各项保护行动工程投资、外部约束、运行维护经费、关键生态属性改善效果进行评估，提出了包括“零”方案、拆除部分闸坝、干流恢复天然状态等多个保护方案，各保护方案经生态效益、投入/成本、可行性等综合比选，确定推荐规划的保护方案。

规划推荐的保护方案内容主要包括：拆除老木河水电站、干流不再新建水电站、松新建设过鱼设施并进行闸坝生态流量管理、公德房建设过鱼设施并进行闸坝生态流量管理、苏家湾建设过鱼设施并进行闸坝生态流量管理、则木河河口涵洞拆除、非自然形态河道修复、鱼类增殖放流，以及干流禁止采砂、渔政管理、污染物总量控制等政策改变和执行。

## 5.2 期望产出的可达性分析

对照已建立的黑水河生态系统完整性判断概念模型，推荐规划保护方案有效实施后，黑水河水文情势属性可达到“良好”、栖息地属性可达到“好”、连通性属性可达到“良好”（见表 3 和图 1），满足规划期望目标要求。

表 3 推荐规划保护方案的期望产出可达性分析

| 关键属性 | 指标条件分析 | 评价 | 是否达到期望目标 |
|---|---|---|---|
| 水文情势 | 流量大小无变化或低度变化河段占比大于 71.1%，中度改变的河段占 28.9%，不存在高度改变河段 | 良好 | 达到 |
| 栖息地 | PSI 指数大于 0.85；没有非自然河道形态差的河段 | 好 | 达到 |
| 连通性 | 连通河网长度 74.7 km；综合连通系数为 0.78 | 良好 | 达到 |

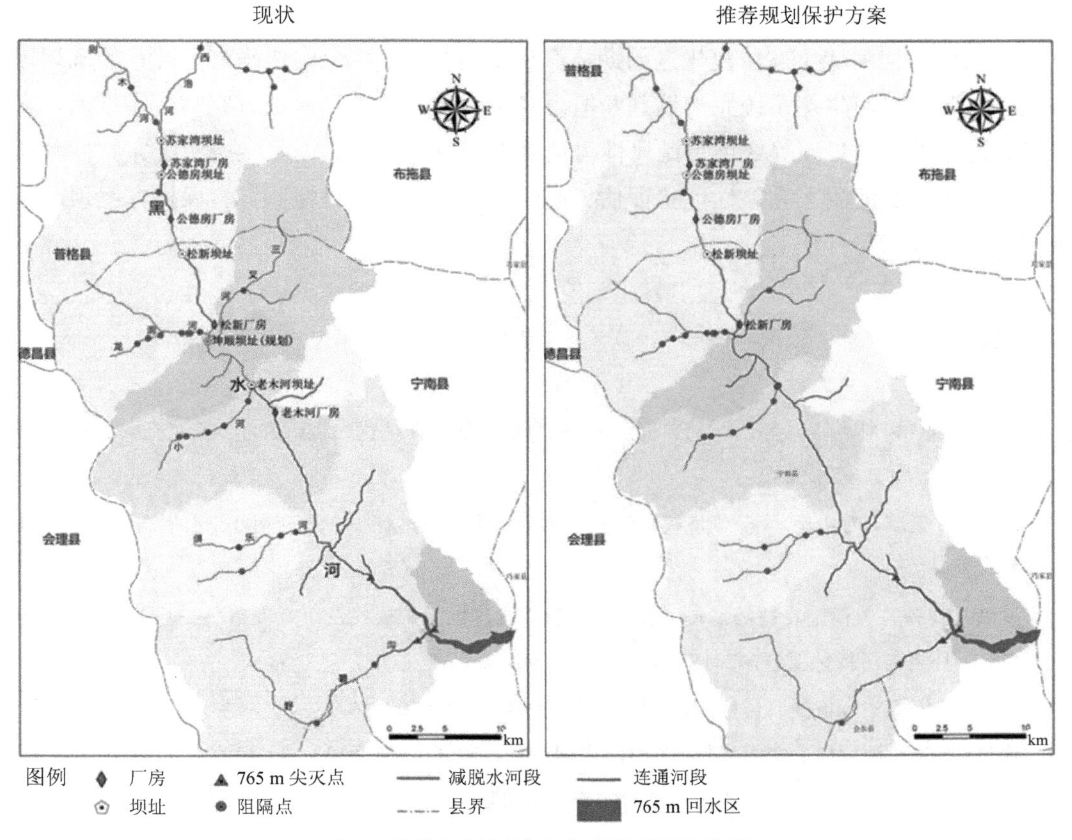


**图 1　推荐规划保护方案连通性改善效果**

## 6　结论

本文针对淡水生态系统完整性的水文情势、连通性、水质、栖息地、生物群落等 5 项关键属性，研究筛选并制订了评价指标和判断阈值，探索构建了黑水河生态系统完整性判断概念模型。据此概念模型，以白鹤滩水电站回水影响作为基准条件，对黑水河生态系统完整性现状进行了评估，结果为：水文情况属性现状为“差”、连通性属性现状为“差”、栖息地属性现状为“差”、生物群落属性现状为“一般”、水质属性为“一般”。

根据黑水河生态系统完整性现状评估结果，对照恢复黑水河土著鱼类种群的规划目标，确定生态修复规划的期望目标为：水文情势属性达到“良好”、连通性属性达到“良好”、栖息地属性达到“好”、生物群落属性和水质属性维持“一般”，达不到期望目标要求的属性主要为水文情势、连通性、栖息地等 3 项。通过对现状与期望目标的差距分析，制订了黑水河河流生态修复规划的期望产出及指标，作为河流生态修复保护方案规划的定量指标。

按照黑水河河流生态修复规划的期望产出及指标，经综合比选确定了推荐的规划保护方案。对照黑水河生态系统完整性判断概念模型，推荐的规划保护方案有效实施后，水文情势、连通性、栖息地等 3 项关键属性可达到期望目标要求。淡水生态系统完整性判断概念模型，在黑水河生态完整性现状评估、河流生态修复规划目标制订、保护方案顶层规划中发挥了重要指导作用。

## 参考文献

[1] 张雄，刘飞，林鹏程，等. 金沙江下游鱼类栖息地评估和保护优先级研究[J]. 长江流域资源与环境，2014，23（4）：496-503.

[2] 傅菁菁，黄滨，芮建良，等. 生境模拟法在黑水河鱼类栖息地保护中的应用[J]. 水生态学杂志，2016，37（3）：70-75.

[3] 黄滨，傅菁菁，芮建良，等. 水利水电工程鱼类栖息地保护模式及研究展望——基于文献综述的思考[J]. 环境与可持续发展，2018，43（1）：103-105.

[4] 董哲仁. 河流生态恢复的目标[J]. 中国水利，2004，508（10）：6-9.

[5] 董哲仁. 试论河流生态修复规划原则[J]. 中国水利，2006，559（13）：11-13.

[6] 孙东亚，赵进勇，董哲仁. 流域尺度的河流生态修复[J]. 水利水电技术，2005（36）：11-14.

[7] Richter B D，Baumgartner J V，Powell J，et al. A method for assessing hydrologic alteration within ecosystems[J]. Conservation Biology，1996，10：1163-1174.

[8] Richter B D，Baumgartner J V，Wigington T，et al. How much water does a river need[J]. Freshwater Biology，1997，37（1）：231-249.

[9] Jeong-Hui Kim，Ju-Duk Yoon，Seung-Ho Baek，et al. An efficiency Analysis of a Nature-like Fishway for Freshwater Fish Ascending a Large Korena River[J]. Water，2016，8（1）：3.

[10] 廖静秋，黄艺. 应用生物完整性指数评价水生态系统健康的研究进展[J]. 应用生态学报，2013，24（1）：295-302.

# 涉河湿地保护措施研究

许　玉　张　芃　张德敏

（新疆博衍水利水电环境科技有限公司，乌鲁木齐 830000）

**摘　要**：分析了新疆阿勒泰地区科克苏湿地的形成机理及保护需求，据此提出了湿地保护措施体系。从调度实践及后续相关监测结果来看，通过工程调控实施两河洪水凑峰调度，取得了良好的湿地保护效果。研究认为河流水资源的开发利用打破了涉水湿地的天然水文过程，利用工程调控，在生物物种生命周期内的关键需水期，最大限度地利用工程模拟湿地的天然水文过程，是涉河湿地保护的核心。

**关键词**：涉河湿地；天然水文节律；人造洪水调度

## Study on Protection Measures of River Wetland

**Abstract**：This paper analyzes the formation mechanism and protection needs of the Kekesu wetland in the Altay region of Xinjiang，and proposes a wetland protection measures system. From the perspective of dispatching practice and subsequent related monitoring results，the implementation of the two rivers flooding peak scheduling through engineering control has achieved good wetland protection. The study believes that the development and utilization of river water resources breaks the natural hydrological process of wading wetlands，utilizes engineering regulation，and utilizes the natural hydrological process of simulating wetlands during the critical water demand period of biological species life cycle is the core of protection.

**Keywords**：river wetland；natural hydrological rhythm；artificial flood regulation

---

作者简介：许玉，女，高级工程师，主要从事水利水电工程环境影响评价及全阶段环境管理技术研究工作。E-mail：86554510@qq.com。

# 1 科克苏湿地概况

科克苏湿地自然保护区位于新疆北部阿勒泰地区，地处阿尔泰山南麓山前荒漠平原，位于克兰河与额尔齐斯河交汇处的三角地带，是新疆北部戈壁荒漠中最大的沼泽湿地。科克苏湿地保护区东西长 23.8 km、南北宽 20.2 km，总面积 30 667 $hm^2$，其中核心区面积 10 648 $hm^2$、缓冲区面积 9 719 $hm^2$、实验区面积 10 300 $hm^2$。该保护区属于湿地生态系统类型自然保护区，保护对象为区内芦苇沼泽、珍稀动植物及其生境。作为西北荒漠罕见的湿地生态系统，科克苏湿地是连接欧亚大陆生物走廊的关键区段，众多鸟类迁徙旅行的停歇地，区域内分布有多科树种组成的天然河谷林，以及草原、草甸，是我国极为珍贵的基因资源库。

科克苏湿地自然保护区设立之初为自治区级自然保护区，现已晋升为国家级自然保护区（见图 1）。

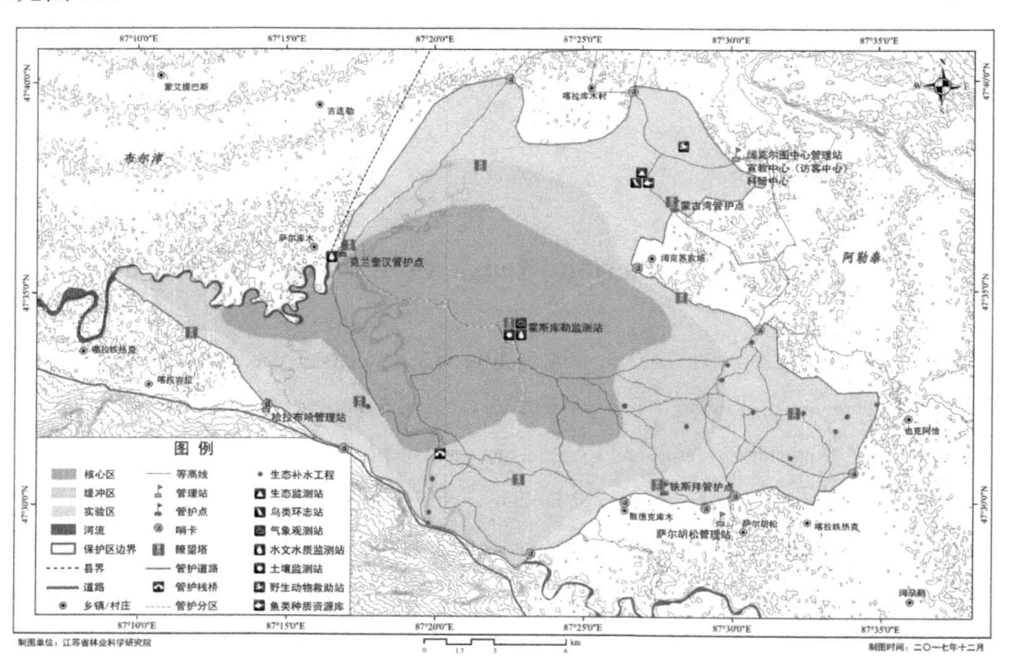


图 1 科克苏湿地国家级自然保护区总体规划布局

## 1.1 湿地水文条件

科克苏湿地是阿勒泰市西南部的沼泽水网区，保护区内主要河流有自东向西穿过保护区的额尔齐斯河主河道，以及自北向南汇入额尔齐斯河的支流克兰河，另有阿拉哈克河、克木齐河等小河补给湿地。区域河流均属季节积雪融水补给为主、雨水混合补给的河流，保护区河流径流具有明显的春汛特点，全年水量集中在 5—6 月。冬季为枯水期，其径流量较为稳定。

### 1.2 植被类型分布[1]

科克苏湿地位于温带荒漠区，基本植被类型以荒漠灌丛为主，额尔齐斯河及克兰河的漫灌输入，在科克苏湿地形成了面积广泛的沼泽、湖泊，为水生、中生植被发育创造了条件。由于科克苏湿地内微地形的变化，保护区内水分分配不均，形成了从水生植被类型到荒漠植被类型的一系列演替序列：在靠近河道凹陷较深的地段，形成了沼泽和浅水湖泊，水生植被发育；较浅地段由于河流水分补充的季节性特点，形成了面积广泛的草甸植被和草原植被类型；在地势更高的地段由于水分供应更加困难，形成了荒漠灌丛和盐生灌丛植被类型，在保护区西北及北部边缘地带，由于距离河道更远，水分补充更为困难，形成了垫状灌木、半灌木荒漠植被类型。在保护区南部额尔齐斯河河岸，由于每年洪水的季节性漫灌和主河道及其支叉水分的侧渗，维持了河岸较为充足的水分，使得杨柳科天然林得以正常生长和发育，形成了隐域性的河岸森林植被类型，林地下草本植被发达。

### 1.3 野生植物种类

根据文献资料，科克苏湿地内维管束植物共计有 65 科 259 属 551 种（包括 6 亚种 6 变种），与西北其他荒漠地区相比，该保护区面积尽管不大，但植物种类较为丰富，其原因在于该区域微地形的变化和水分梯度的改变为水生、湿生、中生、旱生、超旱生等各种生态类型的植物提供了生存条件，形成了交错复杂的群落类型。区域内植物以寡种科和区域性单种科为主，占总科数的 66.2%，菊科、禾本科等较大科仅占总科数的 15.4%，但所含物种数达到 63%，在本区植物种的组成中占据重要地位；属的组成以小型属和区域性单种属占优，占植物总属数的 94.6%。植物生活型以地下芽植物占绝对优势，达到 40.1%，其次为一年生植物，为 35.8%[2-3]，这种组成比例与科克苏湿地的环境条件有着密切的关系。这些都为繁殖、栖息于此的鸟类提供了生存条件。

### 1.4 陆生动物资源

科克苏湿地动物类型可划分为温带草原动物群、温带沼泽动物群和温带荒漠动物群三类，以常见种为主。

其中温带草原动物群代表性动物有云雀、小沙百灵、雀鹰、蒙古兔等；温带沼泽动物群代表性动物有红点锦蛇、鸿雁、绿头鸭、斑嘴鸭、鸬鹚、大天鹅、小鸨、环颈雉等，其中小鸨为国家Ⅰ级保护动物，大天鹅为国家Ⅱ级保护动物，环颈雉为自治区Ⅱ级保护动物[4-5]；温带荒漠动物群有旱地沙蜥、荒漠麻蜥、快步麻蜥、五趾跳鼠、柽柳沙鼠、子午沙鼠等[6]。

### 1.5 水生生物资源

科克苏湿地是额尔齐斯河水系白斑狗鱼、高体雅罗鱼、银鲫、金鲫、河鲈、阿勒泰真鲅、尖鳍鮈、北方花鳅等特有鱼类的产卵场。湿地水生植物和陆生植物茂盛，使得进入湿地水域的有机营养物质较多，水体中饵料丰富，适宜鱼类摄食生长。每年春季洪水漫灌形成广大的河漫草滩，是草上产卵鱼类理想的产卵场，也是其良好的索饵场以及越冬场。

## 2 科克苏湿地形成机理与保护需求

### 2.1 科克苏湿地形成机理

科克苏湿地是在千百年来天然水文节律作用下发生和发展形成的。克兰河和额尔齐斯河是湿地水文条件变化的控制性河流。

克兰河及额尔齐斯河径流补给均以季节性积雪融雪水为主、夏季降雨补给为辅，并有少量冰川融水。天然状态下，河流径流的年际变化不大，但径流年内分配不均。每年5—6月径流量占全年径流的50%～60%，是洪水主要集中发生时段。

克兰河从北向南进入科克苏湿地保护区后，其主河道逐渐消失，河水漫流，形成大面积沼泽区域，在靠近额尔齐斯河主河道处又汇聚流出，注入额尔齐斯河。额尔齐斯河干流洪水期河道水位暴涨，洪水倒灌漫溢克兰河尾部沼泽区，与克兰河洪水相会，形成顶托，使湿地形成短时较为迅速的涨水，形成浩瀚的水域景观，湿地内形成星罗棋布的积水坑塘，为涉禽提供了良好的栖息生境，形成理想的产黏性卵鱼类产卵场。洪水过后，水位缓慢下降，在湿地微地形的作用下，湿地内不同区域水分梯度改变，形成多样的植被类型，物种多样性十分丰富。

### 2.2 科克苏湿地保护需求

科克苏湿地的保护需求主要包括湿地对水量的需求、对水文过程的需求，以及湿地生物物种在生活史中关键生长阶段的需求。

#### 2.2.1 水量需求

湿地植被需水计算采用Penman-Monteith法。根据当地的气象要素计算或估算出参考作物腾发量$ET_0$［见式（1）］；考虑植被生长情况、土壤供水情况，确定不同植被类型的各月生态需水系数$K_t$，计算逐月生态需水定额$ET_i$［见式（2）］；得到全年生态需水定额$ET_t$

后，扣除有效降水量 $P_{et}$ 得到净需水定额（即由河水和地下水提供的部分）；最后乘以林草植被面积即得到湿地的净需水量。估算科克苏湿地生态需水量约 1.5 亿 $m^3$，需水集中在生长期（4—10 月）。

$$ET_0 = K_0 \times E_{20} \tag{1}$$

式中：$K_0$ 为蒸发皿系数；$E_{20}$ 为 $\phi$ 20 cm 蒸发皿逐月蒸发量。

$$ET_i = K_t \times ET_0 \tag{2}$$

式中：$K_t$ 为生态需水系数，参考《美国灌溉工程手册》及有关研究成果得出，各月 $K_t$ 值不同，不考虑冬季（11 月—次年 3 月）生态需水。

### 2.2.2 水文过程需求

洪水的涨和落是湿地形成的必要条件，科克苏湿地在自然条件下，受克兰河和额尔齐斯河的共同作用，形成了湿地涨水及缓慢消落的水文过程，维系和形成了湿地内不同水分梯度下多样的植物群落和坑塘水面。

（1）植物

科克苏湿地植物种子传播、萌发和生长，与天然水文过程密切相关。植物种子以水为传播媒介，“随波逐流”，当洪水逐渐消退形成众多滩地，旱生植物的种子开始“落地发芽”，才形成了科克苏湿地从水生到荒漠的一系列植被演替序列。

（2）禽类

科克苏湿地是连接欧亚大陆生物走廊的关键区段，众多鸟类迁徙旅行的停歇地，特别是水鸟必需的栖息、迁徙、越冬和繁殖地。科克苏湿地总体上地势平坦，但在微地形的作用下，湿地的涨水及退水过程，为不同鸟类提供了多样的栖息环境，既有大面积的沼泽草甸，也有大片的荒漠草原，以及条带状分布的河谷落叶阔叶林，其生境较为复杂多样，为湿地鸟类，特别是水禽提供了良好的栖息和隐蔽场所[7-8]。

（3）鱼类

对湿地特有鱼类的生物学特性研究表明，科克苏湿地的鱼类须在较大的水流刺激下才能产卵，即河流和湿地须发生涨水过程，向鱼类发出产卵信号，此时，适宜草上产卵的鱼类进入湿地产卵，当洪水逐步消落时，鱼类随着水流退回河道。

### 2.2.3 时间需求

（1）植被关键需水时段

科克苏湿地植被的关键物候期集中在 5—6 月，此时是湿地内部分植物种子的传播与发芽生长期，很大程度上依赖于洪水作用，即在洪水发生、湿地水位较高时，植物种子随水传播，洪水退后形成湿润的滩地，种子开始扎根萌芽，进入生长关键期，洪水退去后，湿地内较高的地下水位持续为其提供生长水源。尽管萌芽生长还有诸如盐度、温度、土层、pH 和光照质量等因素作用，但在湿地内洪水脉冲对湿地植被的维护、更新起到了关键性作用。

（2）水生生物关键需水时段

影响科克苏湿地鱼类产卵的关键因素是当地气温、水温及水流信号刺激。每年 4 月底至 6 月，当地气温逐步回升，河流开冻，水温上升，此时也是融雪性洪水多发期，鱼类在与河流环境条件相适应的过程中，洪水对鱼类产卵产生刺激作用，因此科克苏湿地大部分鱼类的产卵期与河流洪水期相吻合，多集中在 4 月底至 6 月。由于不同种类的鱼对产卵水温的要求略有差异，因此 4 月底至 6 月较为频繁的洪水涨落过程，为不同种类的鱼提供了产卵信号，不同种类的鱼产卵时段略有差异。

### 2.2.4 湿地两河洪水遭遇需求

克兰河和额尔齐斯河是科克苏湿地的重要水源，是在河口地形条件及两河洪水遭遇共同作用下形成的。额尔齐斯河径流量远大于克兰河，当克兰河发生洪水的同时遭遇额尔齐斯河洪水下泄，对克兰河尾闾形成顶托倒灌，造成河水滞留形成大片水面，洪水消退缓慢，形成沼泽坑塘，为动植物提供了干湿交替的生境条件，物种多样性十分丰富。

## 3 科克苏湿地保护措施体系

目前克兰河已建有克孜加尔水库，其建设任务是调节克兰河径流，以适应农业灌溉用水对供水过程的需求。额尔齐斯河干流已建有“LSW”和“KLSK”两座调蓄水库，满足供水需求。水库调节径流、蓄滞洪水、向社会生产生活供水，影响了河流径流量，以及天然水文节律，对科克苏湿地天然水源补给条件产生影响。以科克苏湿地的形成机理及保护需求研究为基础，拟定湿地保护措施体系。

（1）水量保障

保证河道内水量满足湿地植被生态需水要求，确保社会经济用水不得挤占湿地生态需水。

（2）模拟天然洪水过程

在湿地植被关键需水期每年 5 月底至 6 月初，根据水文测报结果，利用克兰河的克孜加尔水库和额尔齐斯河已建“KLSK”和“LSW”水库，择机模拟天然洪水过程，对湿地形成洪水漫溢条件，满足关键期湿地植物种子传播和萌芽、鱼类产卵等对洪水涨落过程的需求。

（3）河流凑峰调度

科克苏湿地在克兰河和额尔齐斯河两河洪水遭遇后，克兰河尾闾受到额河较大洪水顶托作用下形成宽广水面。根据调度实践及对两河洪水的观测，在“KLSK”和“LSW”水库下泄人造洪水 48 h 后，克兰河克孜加尔水库开始泄放人造洪水，能够使两河洪水在科克苏湿地遭遇，形成顶托，使淹灌面积最大（见表 1）[9]。

表 1 两河水库人造洪水调度方案

| 水库 | 洪峰流量/（$m^3/s$） | 洪水持续时间 | 凑峰时间/滞后时间/h |
| --- | --- | --- | --- |
| “LSW”和“KLSK”水库 | 800 | 7 天 | 0 |
| 克孜加尔 | 150～200 | 3 天 | +48 |

（4）水流刺激信号

为满足不同种类的鱼不同时段产卵对水流刺激信号的需求，在每年的 4 月底至 6 月，结合水库发电及供水运行，制造 1～2 次的河流涨水过程，加大下泄水量，对鱼类形成刺激信号，刺激产卵。

（5）辅助措施

当社会经济用水量不断增加，可用于实施洪水调度的水量逐步减少时，在湿地内修建必要的临时性堵截设施，如小型土坝，壅高局部水位、滞留水量，以最小的调度水量达到良好的淹灌效果。

（6）人工干预

阿勒泰地区以农牧业生产为主要支柱产业，当地丰富的牧草资源是牧业生产的基础。根据相关研究和统计，在阿勒泰地区由人为放牧、打草等活动造成的草地植被退化面积占到了草地退化总面积的 84.7%。长期以来科克苏湿地丰茂的草地为当地牧民提供了丰富的饲草料资源，湿地内长期有牧民定居，放牧打草等人为活动对湿地生态系统稳定安全构成威胁。为此，当地实施了保护区内牧民生态搬迁，对湿地实施围栏封禁保护，禁止在湿地内放牧打草，对湿地的保护起到了积极作用。

## 4 保护效果

根据近年来对洪水调度效果的跟踪监测，克兰河与额尔齐斯河模拟天然洪水过程，对科克苏湿地采取淹灌及洪水顶托后，湿地产草量有明显提高，鲜草和干草产量较额河干流水库单独调度情况下提高 40%左右。湿地内星罗棋布的积水坑塘和河道鱼类集群显著，成为额河水系部分特有鱼类良好的产卵场。

根据对淹灌前后为期近一年的湿地鸟类资源观测，科克苏湿地保护区内分布的 189 种鸟类中，有候鸟 133 种，占 70.37%。其中，夏候鸟 120 种，留鸟 36 种，旅鸟 20 种，冬候鸟 13 种。夏候鸟一般在 4 月上旬迁入，10 月下旬离开，旅鸟一般 4 月初至 5 月初迁入科克苏湿地，在此停留 30～40 天，洪水期过后离开。据观察，洪水淹灌形成的较大水面的食物资源充足，涉禽种群丰富，是旅鸟偏好的活动和栖息场所（见图 2 至图 4）[10]。

图 2 人造洪水淹灌后的湿地植被

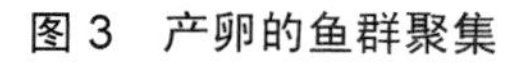
图 3 产卵的鱼群聚集

图 4 涉禽在水面活动

## 5 小结与建议

科克苏湿地保护实践取得了良好的效果，但同时也存在一些亟待深入研究和完善解决的问题：

（1）深入研究淹灌水量与面积的关系，在未来社会经济供水量逐步增加的情况下，实现以最小的调度水量取得良好的淹灌效果。

（2）单一的持续大水淹灌模式，造成了植物多样性减退，不同植被类型镶嵌和交替出现的格局被打破，局部物种出现单一化。

（3）洪水逐步减退后，一些鱼类滞留在洪水形成的坑塘内，无法返回河道，造成部分鱼类资源损失。

（4）淹灌形成大面积的连片水面、水深较深，使部分涉禽丧失了筑巢产卵条件。

（5）现有调度方案未考虑水库水温分层对河流水温，以及水温变化对水生生物等的影响。

在后续实践中，应根据地形和植被条件对科克苏湿地进行分区，针对不同分区拟定适宜的调度目标，包括淹灌水深、淹灌面积、退水过程等，必要时辅以人工措施，确保淹灌效果；进一步深入研究河流天然水文节律与生物不同生长阶段的需求，实现调度的精细化，采取多次调度、小水量调度，实现以最小的调度水量取得良好的保护效果；沟通部分坑塘与河道，打通季节性产卵鱼类返回河道的通道；研究人造洪水调度对河流水温的影响，拟定水库水温调度措施，优化工程运用方式。

无论是河流尾闾湿地，还是沿河岸边湿地，维系涉水湿地结构和功能稳定的关键因素是河流水文条件，最大限度地利用已建工程模拟和还原湿地的天然水文节律，是保护此类湿地的核心。在湿地保护措施的拟定中，须深入研究湿地的形成机理、生物要素的保护需求，以及危及湿地保护的其他人为因素，制订具有针对性和可操作性的完整保护体系，拟定环境友好的工程调度及运用方式，实现经济效益和环境效益的共赢。

## 参考文献

[1] 中国科学院新疆综合科考队. 新疆植被及其利用[M]. 北京：科学出版社，1978.

[2] 成克武，臧润国，张炜银，等. 新疆科克苏湿地自然保护区维管束植物区系[J]. 干旱区研究，2007，24（1）：8-14.

[3] 尹林克，等. 新疆珍稀濒危特有高等植物[M]. 乌鲁木齐：新疆科学技术出版社，1996.

[4] 马鸣. 新疆鸟类分布名录[M]. 北京：科学出版社，2011.

[5] 高行宜，周永恒，谷景和，等. 新疆鸟类资源考察与研究[M]. 乌鲁木齐：新疆科技卫生出版社，2000.

[6] 马勇，王逢桂，金善科，等. 新疆北部地区啮齿动物的分类和分布[M]. 北京：科学出版社，1987.

[7] 邓文洪. 栖息地破碎化与鸟类生存[J]. 生态学报，2009，29（6）：3181-3187.

[8] 刘建锋，肖文发，江泽平，等. 景观破碎化对生物多样性的影响[J]. 林业科学研究，2005，18（2）：222-226.

[9] 邓铭江. 额河生态调度实践研究课题[R]. 2020.

[10] 李维东. 科克苏湿地自然保护区鸟类资源及其天敌调查研究[R]. 2019.

# 菜子湖湿地生态修复技术方案初探

王晓媛[1]　江　波[1]　李红清[1]　张文平[2]

（1. 长江水资源保护科学研究所，武汉 430051；2. 安徽省水利水电勘测设计院，合肥 230000）

**摘　要**：引江济淮是重大战略性水资源配置工程，具有供水、航运、灌溉、生态等综合效益。引江济淮工程调度运行后，菜子湖水位抬升将影响越冬候鸟适宜生境的出露，进而影响湿地植物和底栖生物出露程度，对越冬候鸟栖息和觅食产生一定不利影响。菜子湖湿地生态修复措施是全面落实长江经济带生态大保护的重要举措，因其在维持和保护越冬候鸟生境等方面所起的重要作用受到高度重视。在分析工程调度运行对菜子湖水位及泥滩地和草本沼泽出露影响的基础上，探讨了菜子湖生态修复总体思路、原则与修复区域确定依据，并提出应开展菜子湖湿地生态修复实施效果动态评估，为优化菜子湖湿地生态修复设计方案，维持和稳定菜子湖泥滩和草本沼泽生境，减缓工程运行对越冬候鸟适宜生境的不利影响提供重要依据。

**关键词**：菜子湖；冬候鸟；湿地生境；生态修复

# Preliminary Discussion on Ecological Restoration Technology Scheme of Caizi Lake Wetland

**Abstract:** Water diversion from Yangtze-to-Huaihe is a major strategic water resource allocation project with comprehensive water provision，shipping，irrigation，and ecological benefits. After the operation of the Yangtze-to-Huaihe Water Diversion Project，the water level rise will have certain submergence impact on the suitable wintering habitat for migratory birds（mudflats and herbaceous marshes），and adversely affect their habitat and foraging. The ecological restoration measures of the Caizi Lake wetland are important measures for the comprehensive implementation of the ecological

---

作者简介：王晓媛（1978—），女，高级工程师，主要从事流域水资源与水生态保护研究，重大水利工程环境保护。E-mail：sunnywxy@163.com。

protection of the Yangtze River Economic Belt，and are highly valued for its important role in maintaining and protecting the habitat of wintering migratory birds. Based on the analysis of the impact of engineering operation on the water level of Caizi Lake and the exposure of mudflats and herb marshes，this paper discusses the general ideas，principles of ecological restoration in Caizi Lake and the basis for establishing the restoration area in Caizi Lake，and proposes that the dynamic evaluation of the ecological restoration effect of Caizi Lake wetland should be carried out. The dynamic assessment provides an important basis for optimizing the ecological restoration design scheme of Caizi Lake wetland，maintaining and stabilizing the habitat of Caizi Lake mudflat and herb marsh，and mitigating the adverse impact of the project operation on the suitable habitat for wintering migratory birds.

**Keywords：** Caizi Lake；wintering bird；wetland habitat；ecological restoration

## 1 引言

引江济淮工程是综合性战略水资源配置工程，菜子湖是双线引江布局的主力线路，承担60%的总引江水量和85%以上的自流引江任务，是重要引江口门和巢湖第二通江航道，对保障工程安全运行和维护工程效益意义重大[1-2]。菜子湖湿地是典型的长江中下游浅水通江湖泊湿地，孕育着丰富的生物资源，是白头鹤、东方白鹳、小天鹅、白额雁、白琵鹭、豆雁、鸿雁等重要水鸟的越冬栖息地，对生态系统和生物多样性保护具有重要意义[3-5]。引江济淮工程运行后，规划水平年2030年、2040年菜子湖候鸟越冬期水位分别按7.5 m和8.1 m控制（85国家高程），较现状水位有一定抬升，一定程度上将影响越冬候鸟适宜生境（泥滩地和草本沼泽）的出露[1-2]，并对越冬候鸟的栖息环境和食物可及性产生不利影响，尤其是影响挖掘和啄取集团、浅水取食集团的越冬水鸟[6]。工程实施后菜子湖候鸟越冬期水位上升，将减少部分冬候鸟的适宜生境，冬候鸟生境的组成结构也发生相应变化，影响食物资源的时空变化及食物资源可利用性，对区域内冬候鸟的栖息和觅食产生不利影响[1, 6]。

在长江大保护的政策背景下，前期设计阶段针对环境影响提出了多项生态保护措施，其中菜子湖湿地生态保护措施因其在维持和保护越冬候鸟生境等方面所起的重要作用备受关注[1-2, 7]。为全面发挥工程综合效益，需深入探讨菜子湖生态修复区域确定及生态修复技术方案，并结合引江济淮工程菜子湖候鸟越冬期湿地生境保护适应性调度研究成果，实施有针对性的湿地生态修复措施以有效缓解工程运行的不利影响[2, 7]。

本文基于菜子湖车富岭水位站多年实测水位数据及不同水位对应的遥感影像解译结果，分析了工程调度运行对菜子湖水位的影响及不同水位对菜子湖泥滩地和草本沼泽出露的影响。从减缓水位抬升对候鸟适宜生境的影响角度，对菜子湖生态修复方案进行了初探。菜子湖湿地生态修复实施成效评估不仅对进一步优化菜子湖湿地生态修复方案和水位调控方案具有重要意义，其实施效果评估也可为国内其他湿地生态修复提供重要参考和借鉴。

## 2 研究区域概况

菜子湖包括嬉子湖、白兔湖和菜子湖，20 世纪 50 年代末湖泊总面积 300 km$^2$。由于沿湖周围垦，现湖泊水面面积为 242.9 km$^2$（相应水位 15.1 m）[1, 6]。菜子湖原与长江天然沟通，1959 年建成枞阳闸后始成为水库型湖泊。建闸后，水位人为调控和调度过程维持了菜子湖丰水期水位上涨、枯水期滩涂出露的湿地变化节律。湖区水位在 7 月、8 月最高，9 月湖区水位开始逐渐下降，3 月水位逐渐上升[6]。

菜子湖位于中国候鸟三大迁徙线路中线和全球候鸟主要迁徙通道之一的东亚—澳大利亚水鸟迁徙通道上，是豆雁和小天鹅等候鸟在东亚迁徙路线上的重要越冬地和停歇地之一，也是全球受胁物种白头鹤、东方白鹳等在东亚地区的越冬地之一[1-7]。每年 10—11 月越冬候鸟陆续到达，12 月至次年 1 月菜子湖越冬候鸟数量达到峰值，次年 3 月候鸟陆续北迁，4 月中下旬全部离开。候鸟越冬期菜子湖湿地出露与水位变化密切相关，10 月至次年 1 月菜子湖水位逐渐下降（6.87～9.40 m），泥滩地和浅水沼泽出露面积逐渐增大；次年 3 月菜子湖水位逐渐上升（7.08 m），泥滩和浅水沼泽面积逐渐缩小，湖泊水域面积逐渐增加。

## 3 工程调度运行对菜子湖湿地类型及面积的影响

规划水平年 2030 年，菜子湖候鸟越冬期水位按 7.5 m 控制；规划水平年 2040 年，菜子湖候鸟越冬期水位按 8.1 m 控制[1]。根据菜子湖车富岭水位站 1956—2015 年实测资料，菜子湖多年平均湖水位为 8.53 m，候鸟越冬期（11 月至次年 3 月）多年平均水位 7.17 m[1]。引江济淮工程建成运行对菜子湖水位的影响主要集中在候鸟越冬期。规划水平年 2030 年和 2040 年，多年平均情况下，菜子湖候鸟越冬期（11 月至次年 3 月）水位由现状的 7.17 m 增加到 7.5 m 和 8.1 m，分别增加 0.33 m 和 0.93 m。平水年情况下，菜子湖候鸟越冬期（11 月至次年 3 月）水位由现状的 7.07 m 增加到 7.5 m 和 8.1 m，分别增加 0.43 m 和 1.03 m。枯水年情况下，菜子湖候鸟越冬期（11 月至次年 3 月）水位由现状的 6.93 m 提高到 7.5 m 和 8.1 m，分别增加 0.57 m 和 1.17 m[1]。

菜子湖 1 月多年平均水位为 6.87 m，该时段越冬候鸟数量达到峰值，越冬候鸟适宜生境面积最大。候鸟越冬期菜子湖水位上升引起泥滩湿地和草本沼泽湿地出露面积减少，水域面积增加。相较于 6.97 m 水位，候鸟越冬期水位上升到 7.5 m 时，泥滩地出露面积减少 828.1 $hm^2$，减幅 13.7%；草本沼泽出露面积减少 246.3 $hm^2$，减幅 5.5%。水位从 7.5 m 进一步上升到 8.1 m 时，相较于 6.97 m 水位，泥滩地出露面积减少 1 018.6 $hm^2$，减幅 16.8%；草本沼泽出露面积减少 447.4 $hm^2$，减幅 10.0%（见图 1）[1-2，6-7]。

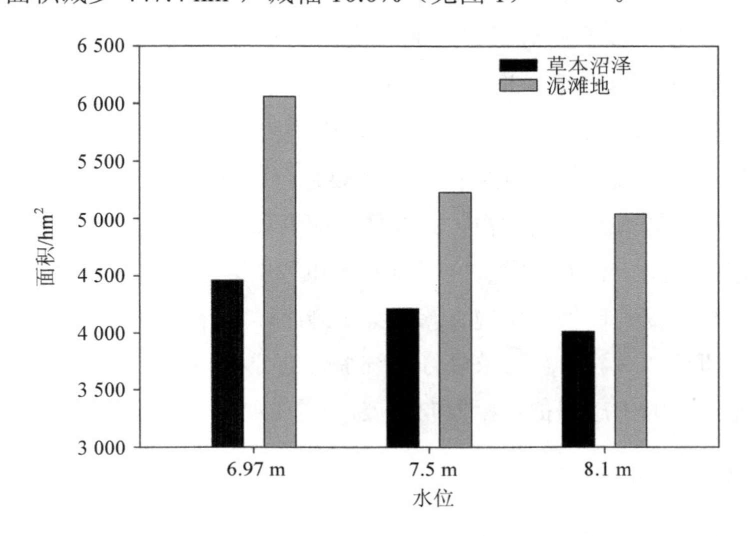


图 1　不同水位对应的湿地类型变化

## 4　菜子湖生态修复方案初探

菜子湖是安庆沿江湿地省级自然保护区的子湖，自然保护区管理部门一直在研究与探讨如何实施沿江湿地自然保护区退化湿地生态修复，但目前没有针对安庆沿江湿地自然保护区湿地生态修复的案例工作。国内大多数湿地修复工程也主要是通过水环境治理、蓄水工程实施、退耕还湿等手段，对退化湿地实施生态修复，鲜有针对工程可能存在的不利影响而提前开展生态修复的项目。

### 4.1　修复总体思路及原则

菜子湖湿地生态修复的主要目标是通过生境改造和植被修复，对受水位抬升影响区域的生态系统结构和功能进行修复或重建，满足越冬候鸟种群数量和物种多样性对生境的需求。其修复的总体思路是：根据引江济淮工程调度运行方案，结合菜子湖湿地地形测量及水位调度变化情况，复核修复区域选择及修复面积规模，形成生境改造和植被修复方案。

菜子湖湿地生态修复的总体思路及原则包括：①应在综合分析菜子湖重要越冬候鸟生活习性及其适宜生境分布、引江济淮工程调度需求及水位抬升对菜子湖湿地生境影响的基础上，合理确定菜子湖湿地生态修复区域。通过生态修复稳定枯水期滩地和草本沼泽面积，维持菜子湖区越冬候鸟对栖息和觅食生境的需求。②应在综合考虑菜子湖湿地现状环境条件、湿地空间分布范围及工程调度运行后菜子湖水位变化过程的基础上，选择环境可行性和恢复技术可操性强的生态修复技术方案。③对水位上升影响造成湿地结构和功能变化的区域，要通过生态修复或重建与所占湿地面积和功能相当的湿地，确保修复后的菜子湖湿地具有维持冬候鸟栖息和觅食生境及候鸟多样性的基本功能，并争取有所稳定或改善。④根据不同湿地修复区域的生态特征（包括影响湿地生态系统的主要因子、湿地植物的生活史节律、湿地植被组成与空间配置情况、重要越冬候鸟的适宜生境特征等），按照生态工程学的原理提出设计方案，植物物种的选择和配置以菜子湖区的湿地植物为主，有针对性地实施生态修复。充分利用不同水位调控方案和圩埂区域内水位相对独立这一特征，在圩埂区域通过植被修复营造替代生境。⑤方案实施时，要开展湿地生态修复试验性工程和生态修复试验性研究，对被修复对象进行系统综合的分析、研究，以最大程度保证生态修复效果朝着生态修复的生态保护目标方向发展。

## 4.2 修复区域确定依据

水文过程制约着湿地的生物、物理和化学过程，控制湿地的形成、发育和演化，是湿地植物群落形成和演变最重要的驱动因素。引江济淮工程实施后菜子湖丰、枯水位变化节律基本与现状同步，但规划水平年 2030 年和 2040 年，高程 7.5 m 和 8.1 m 以下的湿生植物优势种无法完成其生活史，是菜子湖湿地生态修复区域选择的重要依据。修复区域及空间范围的确定主要考虑以下六个方面：①水位抬升后水深长期保持在 0.5 m 以上，不利于越冬候鸟期水鸟栖息和觅食的深水水域；②整体性、连通性，以及与周边地形的融合度；③白头鹤、白鹤、东方白鹳等主要涉禽经常聚集的区域；④与设计航道的距离在 200 m 以上；⑤与村镇保持合理距离，减轻居民活动对越冬候鸟的干扰影响；⑥与安庆沿江湿地省级自然保护区和菜子湖国家湿地公园总体规划相协调。

## 4.3 典型区域生态修复初步方案

以白兔湖北部的团结大圩—双兴村一带的双兴村西侧生态修复区为例进行典型区域生态修复方案的初探。采用天狼星无人机航测系统对该区域进行航拍，获取团结大圩—双兴村一带的双兴村西侧生态修复区域的现状地形数据主要分布在 7.2～7.6 m。团结大圩—双兴村一带的双兴村西侧生态修复区域现状水位条件下约 60%的面积为薄层覆水的泥滩（见图 2a），湿生和水生植物分布较多，是白头鹤、白鹤、豆雁、鸿雁等重要越冬水鸟的栖息地和觅食地。候鸟越冬期水位按 7.5 m 和 8.1 m 运行时，该修复区域水深分别为 20～30 cm 和 50～80 cm。

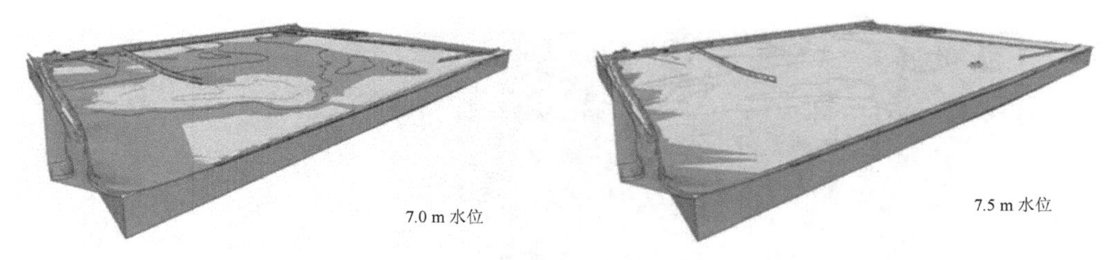


a. 修复前泥滩出露情况

b. 地形改造

c. 地形改造后高程

d. 地形改造后 7.5 m 水位生境分布

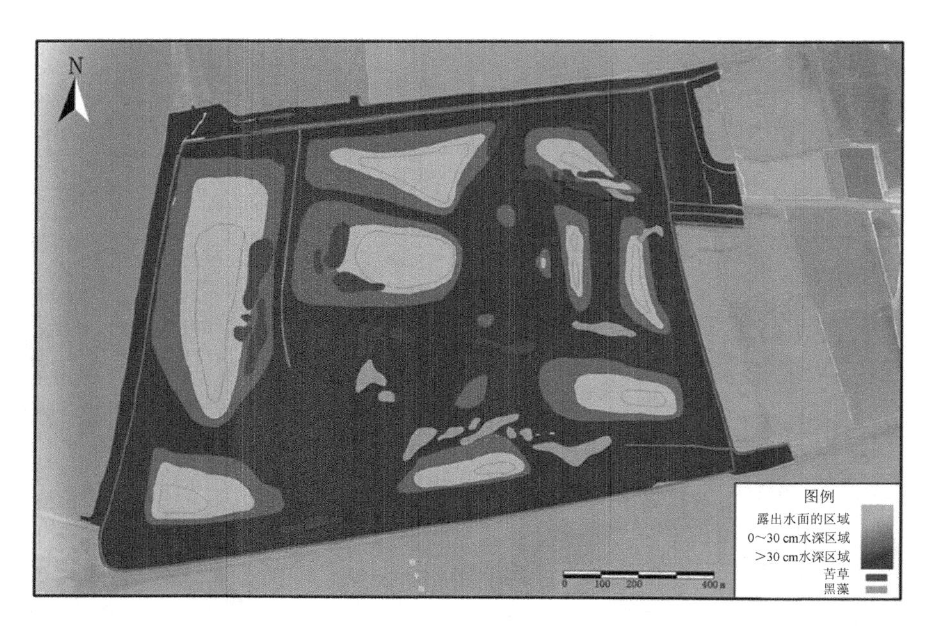


e. 地形改造后 8.1 m 水位生境分布

f. 块石护坡设计和典型剖面设计

g. 生态修复效果（上：7.5 m 水位，下 8.1 m 水位）

**图 2　典型区域（双兴村西侧）生态修复初步方案**

首先基于实测地形间距为 0.5 m 的等高线和离散高程点，以三角网格法生成原始地形数据。根据原始地形起伏情况以及水位上升到 7.5 m 和 8.1 m 时洲滩和草本沼泽的出露需求，针对修复区高程在 7.0～8.1 m 的区域，结合航道疏浚对整体地形进行阶梯式垫高和改造。鱼塘堤坝及堤坝旁小于 7.0 m 的沟渠不进行地形改造。通过地形改造，将修复区域西北部地势较高的部分整体抬升到 7.8～8.4 m，将修复区域东部和西南部部分区域抬升至 7.4～7.8 m。该修复区地形改造图及地形改造后高程分别见图 2b 和图 2c。

经地形改造后，当候鸟越冬期水位上升到 7.5 m 时，双兴村西侧修复区东部和南部将形成大面积的泥滩，并有水深约 10 cm 的浅水区域与泥滩交错分布，适宜涉禽觅食，同时滩地可作为水鸟夜间栖息地。修复区西北部为出露水面不超过 1 m 的台地，可供涉禽栖息。当候鸟越冬期水位按 8.1 m 运行时，双兴村西侧修复区西北部、东部和南部的部分区域将以缓坡地形出露水面或薄层覆水，出露水面和水深小于 30 cm 区域面积占该修复区域总面积的 41.2%，基本能保障涉禽栖息和觅食的需求。东部和南部的其他区域水深在 30～60 cm，适宜雁鸭类等游禽栖息。

地形改造后，团结大圩—双兴村一带的双兴村西侧生态修复区高程（地形改造后）为 7.4～8.1 m 的区域采用撒播沉水植物繁殖体的方式种植苦草和黑藻（见图 2d 和图 2e），并在沉水植被种植区域内采用浮网低拦技术进行围隔，促进植被生长。在高程范围为 8.1～8.4 m 区域的迎水面处设置抛石，避免船行波可能对修复措施的影响（见图 2f），同时开展典型剖面设计。抛石为随冲随抛型，抛石之间留有空隙，不影响沉水植被和湿生植被的生长。7.5 m 和 8.1 m 水位时，双兴村西侧修复区生态修复效果见图 2g。

## 5 菜子湖湿地生态修复实施效果评估建议

菜子湖生态修复工程是针对可能存在的不利影响而提前开展生态修复设计，生境改造区域虽均为受水位抬升后长期保持深水生境的区域，但其实施方案的有效性和实施效果都存在不确定性。因此，应在湿地生态修复工程实施后，根据引江济淮工程菜子湖调度过程及不同水位运行时间水鸟种群数量动态监测结果和遥感影像动态监测数据，开展菜子湖湿地生态修复实施效果评估，分析工程实施后候鸟栖息生境修复状况及候鸟种类和种群数量，以确定修复是否达到了维持菜子湖区生态系统结构和功能完整性的目标。通过菜子湖湿地生态修复实施效果动态评估，不仅能帮助生态修复工程设计者进一步明确水位抬升对主要生态要素、生态系统结构和过程的影响，也能清楚地掌握生态修复对水鸟生境适宜性和生态承载能力的调节程度，对进一步优化菜子湖湿地生态修复方案和水位调控方案具有重要意义。

## 6 结论

菜子湖生态修复的总体思路是通过系统的生态修复设计，维持和稳定菜子湖泥滩和草本沼泽生境，减缓工程运行对越冬候鸟适宜生境的不利影响。本文结合工程调度运行对菜子湖水位及泥滩地和草本沼泽等越冬候鸟适宜生境出露的影响，对菜子湖湿地生态修复方案进行了初步探讨。本文提出通过菜子湖湿地生态修复实施效果动态评估，明确水位抬升对主要生态要素、生态系统结构和过程的影响及生态修复对水鸟生境适宜性和生态承载能力的调节程度。从减缓水位抬升对候鸟适宜生境的影响角度，菜子湖湿地生态修复实施效果动态评估可以为优化完善生态修复方案提供更多技术支撑，对进一步优化菜子湖湿地生态修复方案和水位调控方案具有重要意义。

## 参考文献

[1] 长江水资源保护科学研究所. 引江济淮工程环境影响报告书[R]. 2016.

[2] 安徽省水利水电勘测设计院，中水淮河规划设计研究有限公司，安徽省交通勘察设计院有限公司，长江勘测设计研究有限责任公司. 引江济淮工程初步设计报告[R]. 2017.

[3] 高攀，周忠泽，马淑勇，等. 浅水湖泊植被分布格局及草-藻型生态系统转化过程中植物群落演替特征：安徽菜子湖案例[J]. 湖泊科学，2011，23（1）：13-20.

[4] CHEN J Y，ZHOU L Z，ZHOU B，et al. Seasonal dynamics of wintering waterbirds in two shallow lakes along Yangtze River in Anhui Province[J]. Zoological Research，2011，32（5）：540-548.

[5] 朱文中，周立志. 安庆沿江湖泊湿地生物多样性及其保护与管理[M]. 合肥：合肥工业大学出版社，2010.

[6] 王晓媛，江波，田志福，等. 冬季安徽菜子湖水位变化对主要湿地类型及冬候鸟生境的影响[J]. 湖泊科学，2018，30（6）：1636-1645.

[7] 长江水资源保护科学研究所. 引江济淮工程菜子湖湿地生态修复专项设计报告[R]. 2017.

# 凤山水库鱼类栖息地选择与修复设计

周家飞　陈　豪　夏　豪　陈国柱　赵再兴

（中国电建集团贵阳勘测设计研究院有限公司，贵阳 550081）

**摘　要**：以贵州省凤山水库为例，分析大型水库工程对鱼类栖息生境的影响，主要表现在大坝阻隔造成生境破碎化、河道减水与石质岸坡的叠加影响削弱河流生态功能，以及库区生境条件对急流性鱼类的不利影响；总结鱼类栖息地修复措施，主要以河流连通性恢复、生态护坡、生境加强结构构建等为主。结合本研究经验、贵州省大型水库鱼类栖息生境影响特征，进一步探讨鱼类栖息地修复在后续大型水库工程中的研究及应用方向。

**关键词**：大型水库；鱼类；栖息地修复；生态功能

# Research and Practice of Fish Habitats Restoration in Fengshan Reservoir

**Abstract**: In this research, with Fengshan Reservoir of Guizhou as an example, this paper analyzed the effect of large reservoir projects on fish habitats, which found main expressions in fragmented habitats due to the blocking of the dam, weakened ecological functions of the river under cumulated influence of reduction of river water and the rocky bank slope, and affected habitats of rapid-stream fishes within the reservoir area. This paper provides a systematic summary of measures to restore fish habitats, mainly including recovery of river connectivity, ecological slope protection, construction of habitat-enhancing structure, etc. Based on the research experience and characteristics of the effect of large reservoir on fish habitats in Guizhou, this paper further discussed research and application directions of fish habitat restoration in subsequent large reservoir projects.

**Keywords**: large reservoir; fish; habitat restoration; ecological function

---

作者简介：周家飞（1987—），男，工程师，主要从事环境影响评价、水生生态保护相关科研。E-mail：365346340@qq.com。

## 1 引言

贵州省水资源丰富，水资源总量 1 051.51 亿 $m^3$，总储水量位居全国第六，每平方公里的水资源量位居全国第三。“十三五”以来，贵州省 14 个大型水库获《全国水利改革发展“十三五”规划》批准支持建设，获批数量位列全国首位，标志着贵州省大型水库开发建设步入快车道。

大型水库在防洪、供水、灌溉等方面对流域和区域的社会经济效益贡献显著。另外，由于大型水库流域水资源调控能力强、水生生境改变程度大所引起的鱼类保护问题已成为社会关注热点[1-3]，决定了鱼类栖息地保护研究是大型水库生态保护领域的重要环节。本研究以贵州省已批复环评的凤山水库为例，根据工程鱼类栖息生境影响特征及鱼类保护需求，系统总结工程鱼类栖息地修复措施研究经验，探讨鱼类栖息地修复在后续大型水库工程中的研究及应用方向。

作为水利工程建设鱼类保护最重要的补偿措施，鱼类栖息地保护研究与实践引起各方高度关注。根据受保护栖息生境的受损情况，可将鱼类栖息地保护划分为栖息地保护和栖息地修复两种模式[4]，其中，栖息地修复适用于栖息地已处在受损状态时的研究，主要包括河流连通性恢复、纵横断面修复、深潭-浅滩营造、生态护坡、生境加强结构构建等。目前，相关学者在栖息地修复方面的实践较多，如吴彬等[5]在雅砻江官地水电站生态修复工程中，对种植槽客土回填植草技术（ESS）和植被混凝土基材生态防护技术（CBS）在工程扰动区应用初期的土壤肥力状况进行了研究；杨启红等[6]采用河道主槽、河床深泓塑造、设置 5 级阶梯生态堰-深潭、在壅水区域塑造滩地等方式，对湖北省古夫河古洞口水库下游 2 km 减水河段进行了生态修复；芮建良等[7]在水文模拟计算基础上，在安谷水电站部分被阻河网设置连通工程。

## 2 流域及工程概况

凤山水库工程位于贵州省黔南州福泉市重安江上游河段（见图 1）。重安江属长江流域洞庭湖水系沅江主源清水江一级支流，流域面积 2 774 $km^2$，干流全长 141 km，河口处多年平均年径流量 13.65 亿 $m^3$，多年平均流量 48.70 $m^3/s$。重安江源头至翁马河汇合口为中上游河段，又称鱼梁江，翁马河汇口以下至清水江汇口为下游河段。凤山水库坝址距河口约 96 km，控制流域面积 347 $km^2$，多年平均径流量 2.14 亿 $m^3$，多年平均流量 6.81 $m^3/s$。下游主要支流有平堡河、围阻河、后河、皮陇河、洗布河、浪波河、翁马河、白水河、满溪河等，均位于凤山水库下游，多年平均流量为 1.23～6.12 $m^3/s$。

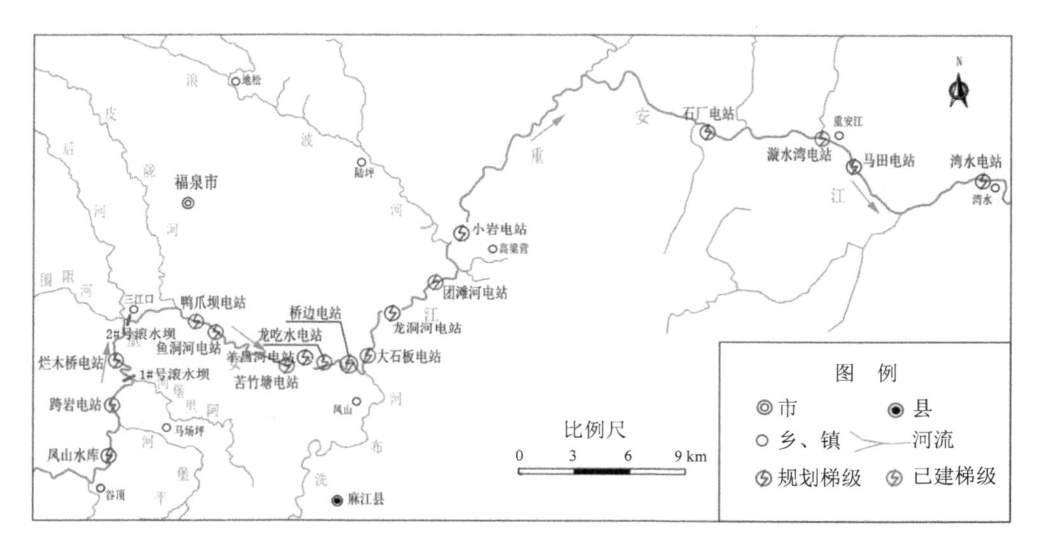


图 1　凤山坝址以下重安江干流已建水利水电工程

工程开发任务是以城乡生活和工业供水为主，兼顾发电，并为改善生态和农业灌溉创造条件。水库采用坝式开发，最大坝高 90 m，坝址多年平均流量 6.81 $m^3/s$。水库正常蓄水位 909 m，死水位 868 m，总库容 1.04 亿 $m^3$，调节库容 0.898 亿 $m^3$，水库回水长度 17.4 km，具有多年调节性能。

## 3　鱼类栖息地选择

### 3.1　选择原则

①从流域角度统筹兼顾；②支流生态环境较好，接近自然或者局部破坏后容易恢复的支流；③具备小型流水性鱼类的栖息水域，如支流流量、底质条件、深潭、浅滩分布等；④河流流态复杂多变，拥有该流域鱼类多样性较丰富的生境条件；⑤与原河流在保护对象的组成上具有较大的相似性。

### 3.2　总体思路

凤山水库工程建设对鱼类短距离洄游、产卵以及鱼类资源产生一定影响，从水生生态环境保护角度出发，本河段的保护目标为实现鱼类种群交流、维持一定种群数量，是保护方案拟定的主要目标。

### 3.3 选择结果

拟定凤山水库工程栖息地修复与保护河段的保护范围为：凤山库尾以上 6.1 km，坝址下游至三江口区间 15.76 km 河段；支流平堡河下游 8.78 km 河段；围阻河下游 5.32 km 河段。拟定栖息地连通性恢复方案主要修复凤山库尾 6.1 km，坝址下游至河口，支流平堡河 3 km，支流围阻河 3.25 km。

## 4 栖息地修复

### 4.1 存在的问题

综合鱼类资源分布特征，凤山水库工程对鱼类栖息生境的不利影响主要表现在以下几个方面：①大坝阻隔造成流域鱼类栖息生境进一步破碎化。凤山水库坝址位于重安江上游，属于清水江流域规划中重安江干流首个梯级，工程实施将使重安江破碎化水生生境加重。②下游河道减水与石质岸坡不利影响叠加，坝下河流生态功能退化。工程位于喀斯特发育较强的脆弱生态区[8]，沿岸岸坡主要以石质为主特征，侵蚀较为强烈，裸露的岸坡由于缺土缺肥缺水，不利于为鱼类提供丰富多样的岸边栖息空间；同时凤山水库规划水平年坝址用水总量占坝址断面平均多年径流量比例为 33.18%，坝下水量减少压缩了鱼类栖息空间，两因素叠加将进一步削弱坝址下游河流生态功能。③库区生境改变不利于急流性鱼类栖息。工程河段以适应流水生境的宽鳍鱲、马口鱼、唇䱻、白甲鱼种类为主，水库高坝将原有河流拦腰截断，形成深水缓流的水库。库区的形成一方面为喜静水生境的鱼类提供了适宜生境，相应种群数量有发展为优势种的趋势；另一方面占重安江干流长度的 23.53%的天然流水变为深水库区，将使喜流水的鱼类失去适宜生境，相应鱼类种群结构发生改变，鱼类生物多样性降低。

### 4.2 修复理念及措施研究

针对流域生境破碎化严重、减水河段与石质岸坡破坏水生生态功能、蓄水成库对急流性鱼类可能产生的不利影响，本研究对受损河段栖息地的修复一般通过借助自然水流对河道形态冲淤重塑，改善河流水文形态特征，形成可持续的河道自我修复；依据河道地形和河流冲淤特性，就地取材，按其原有形态进行近自然修复[9]。本研究从以下几个方面考虑鱼类栖息地修复方案：一是恢复河流连通性，连通性恢复技术一般包括鱼坡及底斜坡构造、仿自然旁通道、透水堰坝、拆除河流中跌水等；二是以生态护坡典型设计改善坝址下游生境条件；三是在实施生境修复工程的基础上结合河段鱼类以产黏沉性卵为主的繁殖需求，通过生境加强结构设计提升河流生态功能。旨在以水系连通实现上下游鱼类基因交流顺畅、以亲水护坡营造和谐的水岸关系、以人工生境结构培育鱼类栖息温床。

## 4.3 修复措施设计

### 4.3.1 连通性恢复

凤山水库库尾以上、坝址以下重安江干流及各支流均已建成多级小型水坝，部分开发利用价值不大、造成生境阻隔的小型拦河坝造成原有栖息生境片段化。栖息地修复首先要从小型拦河坝改造升级或适当退出以确保连通性和自然性的角度开展。河流连通性包含两个基本要素：一是要有能满足一定需求的保持流动的水流；二是要有水流的连接通道[10]。

凤山水库库尾以上 6.1 km 河段的 6 处无发电功能的小型滚水坝（按 1#—6#标记）分布密度较大，坝高均在 3 m 以下，生态改造难度较小，可选取作为连通性恢复对象，具体措施包括优化调度、建设过鱼堰、加挖涵洞。其中 1#坝为混凝土结构翻板坝，正常运行时闸门关闭，遇洪水时闸门全开泄洪，闸门全开后以翻板坝为平悬在水中楔块，无阻隔作用，可通过优化调度方式，于 3—7 月鱼类产卵季节打开翻板坝，实现河流连通；对 2#、5#和 6#坝实施过鱼堰改造，过鱼堰为搭建在滚水坝坝顶的简易钢筋混凝土、钢板或木材等材质结构，下游顺坡固定在坝下，坡度应设计为 1∶10～1∶8；3#和 4#坝为简易滚水坝，为人行交通功能，可在已有基础上加挖涵洞，增大断面过流通道，消除滚水坝生境阻隔。

坝下支流平堡河及围阻河保护条件较成熟，已被确立为鱼类栖息地保护河段。现状围阻河河口以上 2.0 km、2.1 km 处以及平堡河河口以上 1.58 km、1.78 km、2.40 km 处共有 5 座坝高均在 4 m 以下的滚水坝，可通过实施连通性恢复，加强重安江干支流间鱼类基因交流、提升鱼类生物多样性，具体为在平堡河 3 处滚水坝设置过鱼堰，在围阻河 2 处滚水坝设置鱼坡。鱼坡呈阶梯形排列，顶部布置块石、卵石，形成一定大小的水池和上下游水位差，可满足鱼类上溯的水深和流速要求，坡度应设计为 1/10。

坝址以下重安江干流河段生境较为复杂，已造成阻隔的小型水利水电设施改造难度不一，选取凤山坝址下游 5 km 范围内的 4 座小型水坝（坝高均在 5 m 以下）实施连通性恢复典型设计，具体措施包括建设鱼道、鱼坡、拆除工程（见图 2）。

### 4.3.2 生态护坡

凤山水库坝址下游硬质化或风化加剧的河道岸坡分布较为广泛，通过构建多孔隙生态护坡，在加固河岸的同时，为植物的生长提供有利条件，为鱼类提供栖息地。生态护坡技术一般分为植物护坡、木材护坡、石材护坡、生态混凝土护坡、土壤生物工程护坡等。

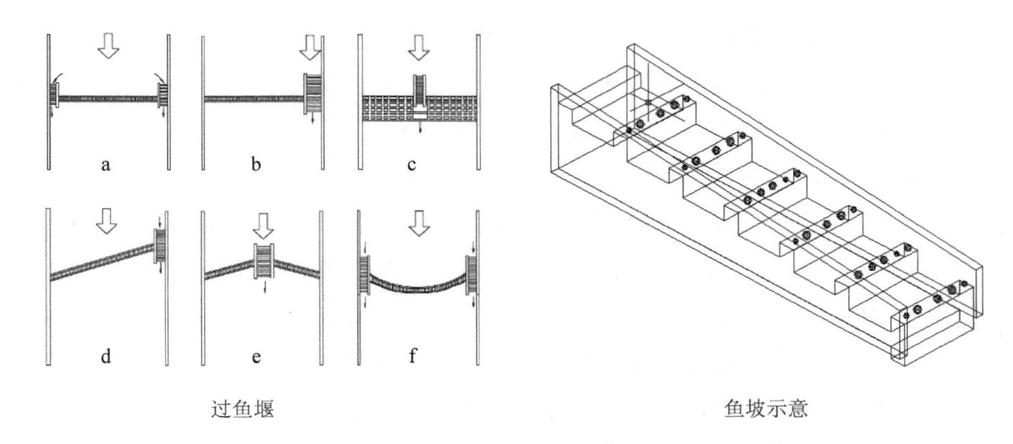


**图 2 连通性恢复措施示意**

以坝址下游 500 m 河道岸坡为典型设计河段，实施生态岸坡保护，对河岸裸露部分进行岸坡生态防护，所选植物为当地物种。其中，对于侵蚀较严重的河岸，以巨石嵌入岸底护脚，以重黏土、黏土和卵石等混合物填充，上覆干树枝捆固定，覆盖土壤，种植当地灌木或撒入草种进行绿化；对于侵蚀较轻的河岸，用原木与纤维等铺设于岸坡进行固定，上覆土壤，种植当地灌木或草丛进行绿化。

#### 4.3.3 生境加强结构构建

凤山水库所处河段鱼类多以产黏沉性卵的喜流水类型为主（如白甲鱼、鲇、鲤、鲫、黄颡鱼），通过产卵河段适宜生境加强结构构建，对满足河段土著鱼类繁殖需求、提升河流生态功能有积极意义。生境加强结构构建技术一般包括人工鱼巢、生态丁坝、生态潜坝、产卵场再造、岸边带营造等[11]。

在坝下支流围阻河、平堡河及平堡河河口段设置人工鱼巢，营造产黏性卵鱼类的人工产卵孵化场所。人工鱼巢采用浮性鱼巢与沉性鱼巢相结合，如悬吊式鱼巢沿着岸边插 1～2 圈长短不同、一端悬吊有单个鱼巢的竹竿，令鱼巢浸入水面下；平列式鱼巢按一定距离扎于绳上，按一定宽度扎成适当长度的许多条鱼巢，平行布置于水面。根据白甲鱼、鲤、鲫、泉水鱼、云南光唇鱼等主要鱼类的产卵需求，确定人工鱼巢投放时间为 4—7 月。

## 5 研究经验总结

贵州大型水库鱼类栖息地修复具有一定独特性。一是大型水库选址已向水资源开发较为密集的中小河流延伸，通过河流连通性恢复解决拦河坝生态阻隔问题，是栖息地修复首要关注点：以凤山水库为例，干流 141 km 河道已被 38 座小型水利水电拦河坝划分为多个破碎生境，在此基础上兴建大型水库高坝将使生境破碎化进一步加剧，通过连通性恢复措施修复受损生境迫在眉睫；“十三五”贵州省获批的14个大型水库中78%位于小型河流，以凤山水库为缩影的河流生境破碎化问题在小型河流中较为普遍，建议后续大型水库项目栖息地修复研究应首先结合长江经济带小水电清理整改要求，进行河流连通性恢复。二是大型水库多位于雨水集中、冲刷强烈、成土速度缓慢以及风化土层瘠薄的岩溶化高原山区，通过多种形式的生态护坡固土固肥固水，为鱼类提供适宜的岸边生境条件，是栖息地修复的重要内容；贵州岩溶出露面积占全省总面积的61.92%，喀斯特石漠化面积占其所在州市总面积百分比中只有黔东南州一个地区在10%以下，其余市州均在10%以上，安顺市和六盘水市高达30%以上[11]，建议后续大型水库鱼类栖息地修复重点应关注生态护坡领域。三是大型水库所处河流鱼类多以产黏沉性卵的喜流水类型为主，通过生境加强结构构建实现鱼类产卵场所功能提升，是栖息地修复的基本思路：鱼类产卵场适宜性取决于产卵基床的材料粒径、砾石孔隙率、水流流速、表面涡流条件、水温、溶解氧、遮蔽物等诸多因素，产卵场功能提升应结合鱼类产卵季节及产卵基床需求，主要通过生境加强结构构建实现。

## 6 结语

栖息地修复作为鱼类栖息地保护中重要的研究领域，应从河段生态系统功能和特征着手，根据不同河段的特点提出不同的措施。贵州省大型水库工程栖息地修复研究应遵循因地制宜、就地修复原则，包括河流连通性恢复、生态护坡、生境加强结构构建等一系列栖息地修复研究将成为后续大型水库工程关注点。

以凤山水库为例的栖息地修复研究与实践积累了一定经验，但由于鱼类生物监测资料较少，目前栖息地修复仍然缺乏系统的生态学理论指导。后续大型水库工程栖息地修复研究应当坚持长期系统的鱼类生态学监测，结合栖息地修复效果评估，深入研究栖息生境与生物过程相互作用关系，方能实现大型水库的社会、经济、生态等多重效益。

## 参考文献

[1] 张登成，郑娇莉. 水电工程建设前后外来鱼类入侵问题初步研究[J]. 人民长江，2019，50（2）：83-89.

[2] 陈锋，黄道明，赵先富，等. 新时代长江鱼类多样性保护的思考[J]. 人民长江，2019，50（2）：13-18.

[3] 许秀珍，闫峰陵，阮娅. 浅析乌东德水电站建设对鱼类资源的影响[J]. 人民长江，2016，47（24）：17-20.

[4] 张沙龙，张轶超，金弈，等. 水利水电开发鱼类栖息地保护模式及案例解析[J]. 环境影响评价，2015，37（3）：10-12.

[5] 吴彬，刘刚，肖海，等. 雅砻江官地水电站生态护坡工程初期土壤肥力状况[J]. 水土保持通报，2014，

34（2）：173-176.

[6] 杨启红，王家生，李凌云，等. 山区河流修复中生态地貌设计与实践[J]. 人民长江，2017，48（1）：69-72.

[7] 芮建良，盛晟，白福青，等. 安谷水电站鱼类栖息地生态保护与修复实践[J]. 环境影响评价，2015，37（3）：19-21.

[8] 启芳. 浅析喀斯特灌木护坡技术及其应用[J]. 贵州林业科技，2010，38（1）：16-17.

[9] 刘明洋. 生态丁坝在齐口裂腹鱼产卵场修复中的应用[J]. 四川大学学报，2014，46（3）：38-42.

[10] 董爱明. 水利水电工程维持河流连通性的思考[J]. 黑龙江水利科技，2017，45（3）：189-190.

[11] 田鹏举，吴仕军，徐丹丹，等. 贵州喀斯特石漠化植被时空变化特征研究[J]. 贵州气象，2017，41（5）：20-24.

# 功果桥水电站坝下河道沿程水温模拟研究

任建龙[1]　王海龙[1,2]　陆　颖[2]　赵著燕[2]　祁昌军[3]

（1. 华能澜沧江水电股份有限公司，昆明 650214；2. 云南大学国际河流与生态安全研究院，昆明 650091；3. 生态环境部环境工程评估中心，北京 100012）

**摘　要：** 水电站建设运行引起的坝下河道水温变化是水文生态研究的热点。功果桥水电站作为澜沧江干流水电基地中下游河段“两库八级”梯级开发方案的第一级电站，针对其下游河道水温变化的模拟研究鲜见报道。引进国外河道沿程水温模拟的简化模型，选取距离功果桥坝址距离分别为 2 km（MS1）、20 km（MS2）、29 km（MS3）、36 km（MS4）的下游河道四个观测断面，进行坝下河道沿程水温 30 min 间隔原型观测，利用修正后的简化模型对功果桥水电站坝下河道沿程水温进行模拟。结果表明，简化模型在功果桥坝下 20 km 范围内的河道沿程水温模拟具有较好的模拟效果。本研究可为电站建设对下游生态影响评价以及其他电站下游河道水温模拟提供参考。

**关键词：** 澜沧江；功果桥水电站；水温模拟；预测模型

# Simulation of Downstream Water Temperature of Gongguoqiao Hydropower plant

**Abstract:** The change of water temperature caused by hydropower plant is the hotspot of current research. As the first-stage power plant of the “two reservoirs and eight-stage” cascade development scheme in the middle and lower reaches of the Lancang River, Gongguoqiao Hydropower plant has rarely been reported for its simulations on the variation of the water temperature in the lower reaches. In this study, we introduced a simplified model of water temperature simulation along river course, which is invented by foreign scholars. Four monitoring sites were selected from the dam site of

作者简介：任建龙（1977—），长期从事澜沧江流域水电开发和作业管理工作。E-mail：429489278@qq.com。

Gongguoqiao at a distance of 2 km（MS1）、20 km（MS2）、29 km（MS3）and 36 km（MS4）, along the 30 minutes interval prototype observation of water temperature，the modified simplified model was used to simulate the water temperature along the downstream of Gongguoqiao. The research shows that the simplified model has a good simulation result in simulating the water temperature along the course of the river course within 20 km under the Gongguoqiao dam，which can provide references for the evaluation of downstream ecological impact of hydropower plant construction and the simulation of water temperature in downstream of discharge from power stations.

**Keywords：** Lancang River；Gongguoqiao hydropower plant；water temperature simulation；prediction model

## 1 前言

水温作为关键水文要素，对水域生态环境有极其重要的影响[1]。水温对湖库中水生生物的生长、繁衍、植物种类、群落结构等产生直接影响；另外，水温还通过影响水体的物理化学性质（如溶解度、密度、酸碱度）对水生态环境产生间接影响。对于天然河道，水温受太阳辐射、气温影响较为显著，而湖库水温对气象条件的响应则具有明显的滞后效应和减弱效应[2]。水电站建设后，库区壅水、库首区域的流场和温度场均产生显著变化[3]。国外学者[4]通过水文指标法（IHA）将水电站对天然河道水流形态的改变进行了量化。大型水库坝前垂向水温明显分层，底层取水导致的下泄低温水易对下游水生态环境和农业灌溉[5]等方面产生不利影响，梯级电站联合运行下的累积影响则更为巨大[6]。因此，明晰水电站坝下河道沿程水温变化规律显得尤为重要。李褆来等[7]的研究表明，梯级电站建设后改变下游河道水温时空分布，降低下泄水流全年平均水温，减小年内水温变幅。

澜沧江流域有我国“水电能源富矿”之称，是我国较早开发的水电能源基地，在国家能源优化配置战略中发挥了重要作用，但其大规模梯级水电开发面临的区域及跨境生态风险，居我国各大江河之冠，受到广泛关注[8]。位于云南省大理州云龙县旧州镇媳姑坝的功果桥水电站，是澜沧江干流水电基地中下游河段“两库八级”梯级开发方案的第一级电站，建坝后对河道水温的影响尚不明确。本研究以功果桥水电站大坝下游河道水温为研究对象，沿程布设自动水温记录仪，在原型观测基础上，收集高密度水温数据，利用简化模型对坝下河段水温进行模拟，构建适用于低纬高原山地大河流域的水温模型。

# 2 功果桥河道沿程水温原型观测

## 2.1 功果桥水电站概况

澜沧江功果桥水电站上游与苗尾水电站衔接，下游为小湾水电站。澜沧江中下游水电规划“两库八级”电站（见图 1）依次为功果桥、小湾、漫湾、大朝山、糯扎渡、景洪、橄榄坝、勐松，其中前六级已建成投产。功果桥水电站以发电为主，于 2012 年 3 月建成，年平均径流量 318.51 亿 $m^3/s$，装机容量 900 MW，年平均发电量 40.41 亿 kW·h。电站大坝为混凝土重力坝，最大坝高 105 m，水库正常蓄水位 1 307 m，库容 3.16 亿 $m^3$，调节库容 0.49 亿 $m^3$，为日调节水库，电站工程位于中高山峡谷地貌区，落差较大。

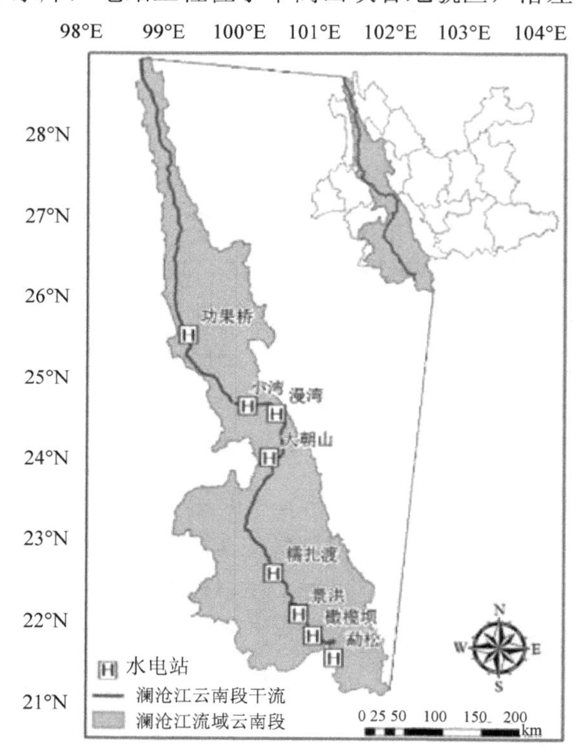


**图 1 澜沧江中下游云南段水电规划两库八级电站**

## 2.2 水温断面监测

功果桥水电站距离下游与之衔接的小湾水电站水面河段长约 200 km，为确定水电站对坝下河段水温的影响范围，经过对功果桥水电站坝下河段多次考察，基于监测点选点科学性和可达性原则，确定了坝下河道 4 个具有代表性的水温观测点（Monitor Site，MS），分别位于功果桥水电站坝下水文站（MS1）、永保桥下澜沧江左岸（MS2）、距瓦窑河与澜沧江汇入点 3 km 处（MS3）和位于杭瑞高速澜沧江往瓦窑镇方向（MS4）出口处，监测点具体位置见表 1。其中，本研究在功果桥水文站布设的水温监测仪器位于水位监测井内，所受外界干扰较小，因此能准确反映电站下泄水温变化。监测点位中，位于杭瑞高速澜沧江出口往瓦窑镇方向的金六公路水温监测点（MS4），距功果桥电站水面距离约 36 km，根据往年开展的多个江段 24 h 水温监测发现，此江段水温与上游水温呈现出非一致性差异，故判断此处水温可能为不受电站影响江段最上沿。为获取数据和日常维护，雇用了当地居民看护各监测设备。本研究水温观测时间间隔为 30 min，观测时间为 2014 年 5 月中旬至 2015 年 4 月。另外，由于各观测断面间距离较近，在金六公路水温监测断面附近设置的同步气温观测点（MS4*），获取的气温数据代表观测河段的气温。

表 1　水温观测断面位置

| 监测编号 | 距坝址距离/km | 纬度 N | 经度 E | 位置描述 |
|---|---|---|---|---|
| MS1 | 2 | 25°34'33.15″ | 99°20'54.15″ | 功果桥水电站坝下水文站 |
| MS2 | 20 | 25°25'52.97″ | 99°20'29.00″ | 永保桥下澜沧江左岸（金六公路水温监测点） |
| MS3 | 29 | 25°25'37.90″ | 99°17'10.90″ | 距瓦窑河与澜沧江汇入点 3 km 处（瓦窑河） |
| MS4 | 36 | 25°23'51.96″ | 99°17'23.71″ | 杭瑞高速澜沧江出口往瓦窑镇方向（金六公路） |

注：MS2 观测断面 2014 年 7 月 29 日至 10 月 14 日的数据缺失。MS4 处同时设置了同步气温观测点（MS4*）。

## 2.3　水温观测仪器

本次观测采用美国 Onset 公司出产的 HOBO Pendant UA-002-64 温度/光度（防水）双通道数据记录器（见图 2）。该仪器体积小巧，便于携带，可用于临时监测，又可用于长期监测部署使用，适合室内、室外和水下等多种环境。可测量温度和相对光强，具有 10 bit 分辨率，能记录约 28 000 组数据（64 KB 内存）。仪器测量范围为−20℃～70℃，可浸入水深 30 m；仪器测量分辨率：0.1℃，测量误差为±0.4℃。

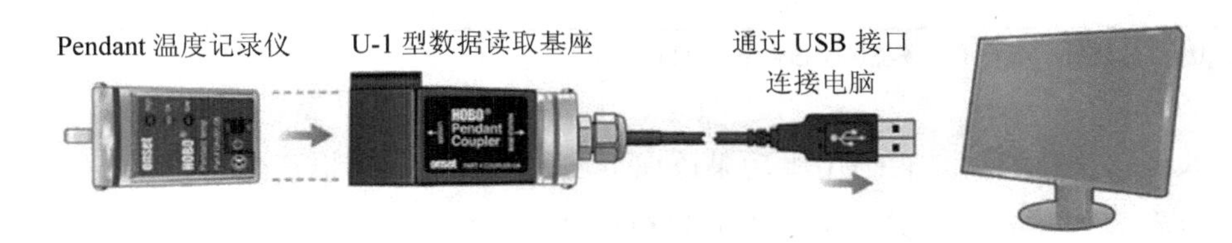


图 2　HOBO Pendant UA-002-64

## 3 坝下河道沿程水温简化模型

国内学者对于坝下河道沿程水温的研究方法有经验公式法[9]、纵向一维河道水温模型[10]和神经网络模型[11]等方法，但这几种方法受到难以获取坝下河道太阳辐射、总云量、水位、降雨量等数据问题的制约。国外学者 Smith 等[12]根据水体热量水平扩散平衡原理，基于河道水温在横向和垂向上呈完全混合的稳定流状态且河道沿程水温主要受下泄水温影响的假设，于 2009 年根据美国科罗拉多河格兰峡大坝下游河道沿程水温变化推导得出简化模型，与上述方法相比，该方法参数更为简单，结果可信，具有可行性。其计算公式为：

$$T(x)=T_0+\frac{3.1\times10^{-5}}{Q^{0.63}}\left(T_{\text{air}}+7.91-T_0\right) \tag{1}$$

式中：$T(x)$为大坝下泄口 $x$ m 处的河道水温，℃；$x$ 为距离大坝取水口的距离，m；$T_0$ 为下泄水温，℃；$Q$ 为下泄流量，$m^3/s$；$T_{\text{air}}$ 为气温，℃。

澜沧江功果桥水电站水文及气象资料见表 2。

表 2 澜沧江功果桥水电站水文-气象资料

| 月份 | 下泄流量*/（$m^3/s$） | 下泄水温/℃ | 气温/℃ |
|---|---|---|---|
| 1 | 307 | 8.66 | 13.70 |
| 2 | 286 | 10.49 | 15.53 |
| 3 | 342 | 13.67 | 20.23 |
| 4 | 537 | 14.71 | 21.22 |
| 5 | 842 | 16.28 | 24.24 |
| 6 | 1 436 | 18.14 | 26.30 |
| 7 | 2 063 | 18.86 | 24.60 |
| 8 | 2 151 | 18.57 | 23.25 |
| 9 | 1 820 | 18.36 | 22.76 |
| 10 | 1 175 | 15.77 | 19.90 |
| 11 | 638 | 12.56 | 16.39 |
| 12 | 404 | 9.39 | 13.92 |

*引自《澜沧江功果桥水电站工程环境影响报告书》，2006。

为验证该简化模型是否适用于功果桥坝下河道沿程水温模拟，在不改变各项参数的情况下，将表 2 中的各项参数对应代入简化模型公式（1）进行计算，得到上述 4 个监测点处各月的水温模拟值，各监测点模拟值和实测值对比情况见图 3。

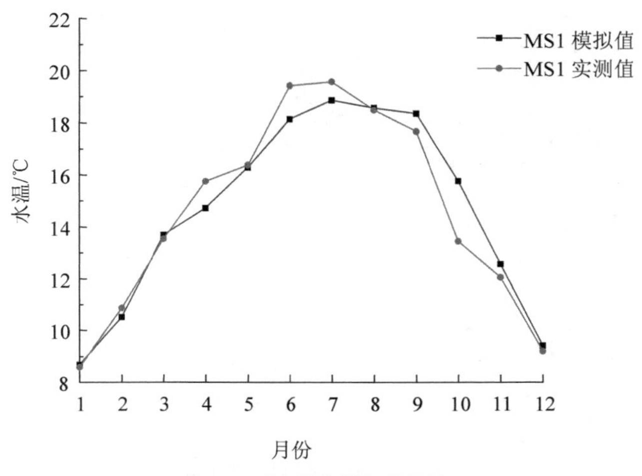


a. MS1 实测值与模拟值比较

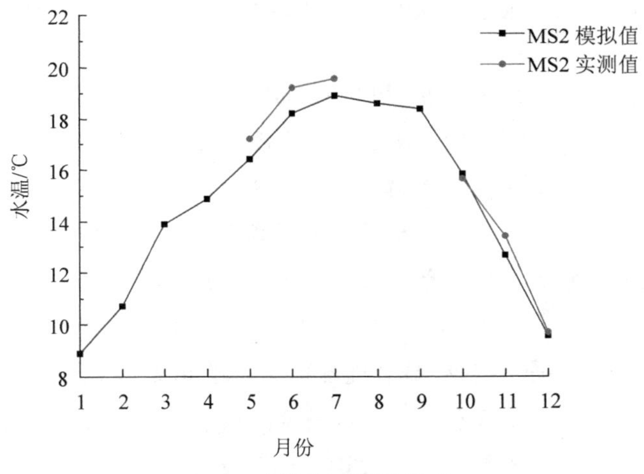


b. MS2 实测值与模拟值比较

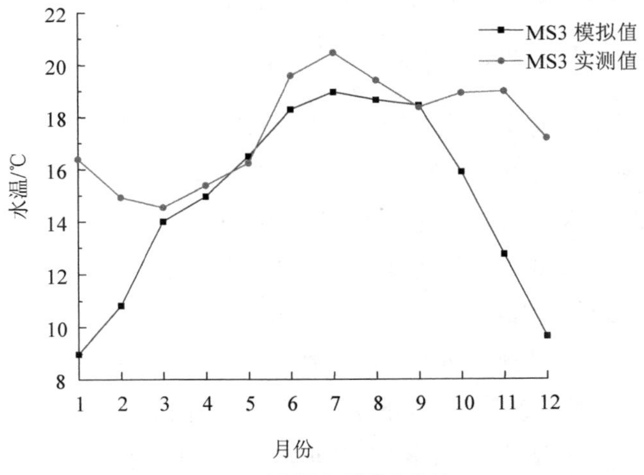


c. MS3 实测值与模拟值比较

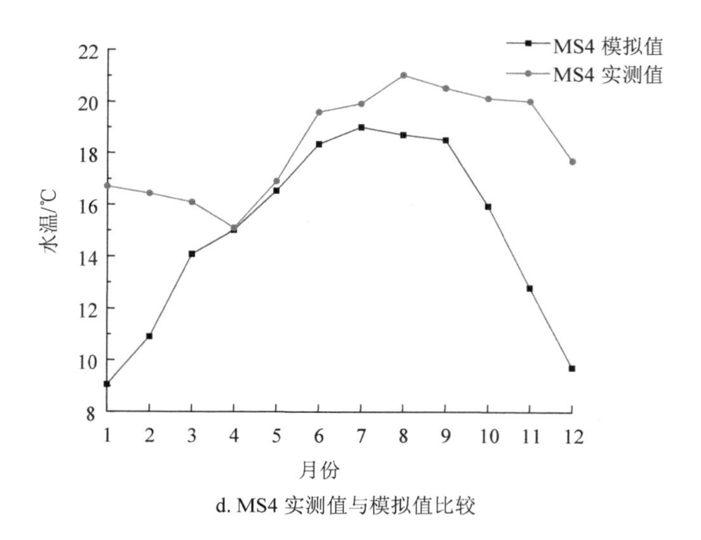


d. MS4 实测值与模拟值比较

**图 3　MS1、MS2、MS3、MS4 四个观测点实测值与模拟值比较**

据图 3 可知，距坝址较近的 MS1 和 MS2 的实测值与模拟值之间吻合度较好，距坝址较远的 MS3 和 MS4 的实测值与模拟值之间吻合度较差。其中，MS1 的模拟值与实测值在 11 月到次年 3 月（枯季）以及 8 月基本一致；MS2 观测点的模拟值与实测值在 10 月、11 月、12 月基本一致，在 6 月、7 月、8 月 3 个月具有相同的变化趋势。但 MS3 和 MS4 实测值与模拟值之间差距较大，模拟效果较差，表明有必要对模型参数进行调整。

根据简化模型公式（1）原理，在计算不同距离断面水温时，电站下泄水温、水面热交换系数和下泄流量大小是影响水温沿程变化速率的重要参数，而公式中水面热交换系数、平衡水温、流速流量关系均是作者根据研究区域已有模型或大量实测数据进行计算得出，地区差异性显著，故不能将已有公式进行简单套用。鉴于此，本研究根据实测数据，重新率定简化模型中的水面热交换系数，得到修正后的简化模型，推导后得到公式为：

$$T(x)=T_0+\frac{3.1\times10^{-4.1}}{Q^{0.63}}\left(T_{\mathrm{air}}+7.91-T_0\right) \tag{2}$$

式中变量参数代表的意义与式（1）相同。使用修正后的简化模型得到的结果见图 4。

由图 4 可知，MS1、MS2 两个观测点模拟值与实测值较为吻合，其吻合度较修正前有较大提高，但 MS3、MS4 实测值与模拟值之间仍存在一定偏差，主要集中在 10 月至次年 2 月时段，模拟值高于实测值。简化模型可计算自水温计算起始点之后，下游河道任意位置的水温，但出现其他干扰源的情况下，水温模拟值则无法保持准确，因此 MS3、MS4 的模拟值偏差表明此河段受到其他干扰，水温预测失效。根据实地情况，推测 MS3 河段（功果桥水电站坝址至坝下 29 km）以下受到小湾水电站回水影响，造成水温模拟值高估，同时也可推测，小湾水电站的库区回水对冬季水温的影响较大，在小湾水电站的影响下，造成了 MS3 河段及以下水温降低。

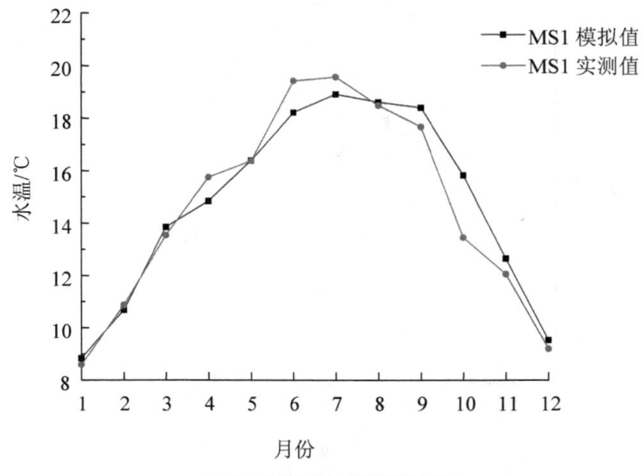


a. MS1 实测值与模拟值比较

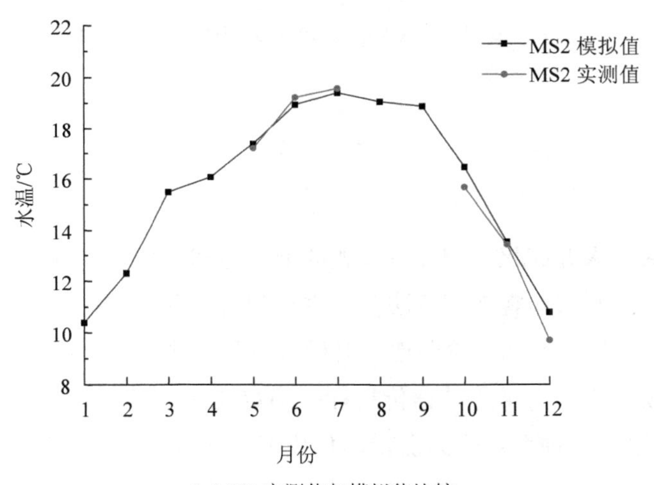


b. MS2 实测值与模拟值比较

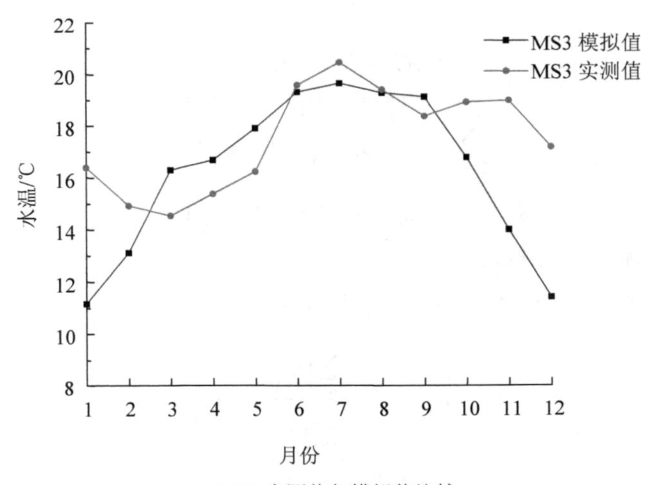


c. MS3 实测值与模拟值比较

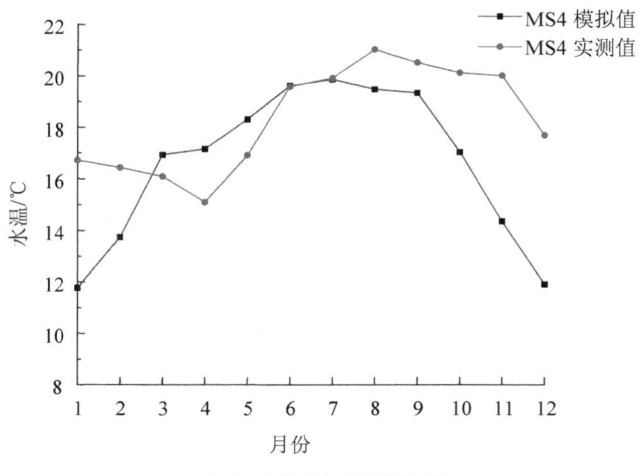


d. MS4 实测值与模拟值比较

**图 4　模型修正后观测点水温实测值与模拟值比较**

## 4　模型验证

为判断修正后的水温简化模型计算公式的准确性和适用性，可对其进行验证。模型验证的方法包括主观判断法和客观评价法[13]。主观判断又称为作图法，通过作图将模拟值和实测值进行直观的对比；客观评价即通过对模拟值和实测值进行误差估计，以相应指标来衡量和评价模型模拟效率。常用的评价指标有确定性系数 $R^2$ 和 Nash-Sutcliffe 效率系数 $E_{\mathrm{NS}}$[14-15]。本文采用这两种系数作为衡量简化模型在研究区域适应性的标准。确定性系数 $R^2$ 的计算公式为：

$$R^2 = \left( \frac{\sum_{i=1}^{n}(O_i - O_{\mathrm{avg}})(M_i - M_{\mathrm{avg}})}{\sqrt{\sum_{i=1}^{n}(O_i - O_{\mathrm{avg}})^2} \sqrt{\sum_{i=1}^{n}(M_i - M_{\mathrm{avg}})^2}} \right)^2 \tag{3}$$

式中：$O_i$ 为实测值；$O_{\mathrm{avg}}$ 为平均实测值；$M_i$ 为模拟值；$M_{\mathrm{avg}}$ 为模拟平均值；$n$ 为观测次数；$R^2$ 越接近 1，说明模拟效果越好。

Nash-Sutcliffe 效率系数 $E_{\mathrm{NS}}$ 的计算公式为：

$$E_{\mathrm{NS}} = 1 - \frac{\sum_{i=1}^{n}(O_i - M_i)^2}{\sum_{i=1}^{n}(O_i - O_{\mathrm{avg}})^2} \tag{4}$$

式中：$O_i$ 为实测值；$O_{\mathrm{avg}}$ 为平均实测值；$M_i$ 为模拟值；$n$ 为观测次数。

一般认为，当 $E_{NS}>0.75$ 时，表示模型模拟效果较好；$0.36\leqslant E_{NS}\leqslant 0.75$ 表示模拟效果令人满意；当 $E_{NS}<0.36$ 时，表示模拟效果较差。当 $O_i=M_i$ 时，$E_{NS}=1$，模型模拟效果最好；如果 $E_{NS}$ 为负值，说明模型模拟值比直接使用观测值的算术平均值更不具有代表性。

根据往年开展的多个江段 24 h 水温监测发现，MS3（29 km）附近江段水温与上游水温呈现出非一致性差异，故而认为此处水温可能为不受电站影响江段最上沿。本研究使用 MS1、MS2、MS3 三个观测断面的实测数据对简化模型进行验证，评价结果见表 3。

**表 3　坝下河道沿程水温模拟效果评价结果**

| 观测点 | $E_{NS}$ | $R^2$ |
|---|---|---|
| MS1 | 0.94 | 0.94 |
| MS2 | 0.97 | 0.99 |
| MS3 | −1.28 | 0.25 |

由表 3 可知，MS1 和 MS2 两个点的 $E_{NS}$ 和 $R^2$ 均高达 0.9 以上，模拟效果较好，而 MS3 的 $E_{NS}$ 为负值，符合修正前的简化模型模拟情况。该简化模型在功果桥坝下河道 20 km 范围内（MS2 点以上）模型模拟效果较好，距坝址 29 km 处（MS3）的河道断面已超过功果桥水电站影响范围。可初步判断：距功果桥坝址 29 km 甚至更远的河道断面水温不受电站下泄水温的影响或影响甚微，修正过的简化模型难以准确模拟该断面水温。

根据《澜沧江功果桥水电站工程环境影响报告书》获取的功果桥水电站资料（见表 2），使用修正后的简化模型［式（2）］模拟澜沧江功果桥坝下河道 20 km 范围内的水温变化，结果见图 5。

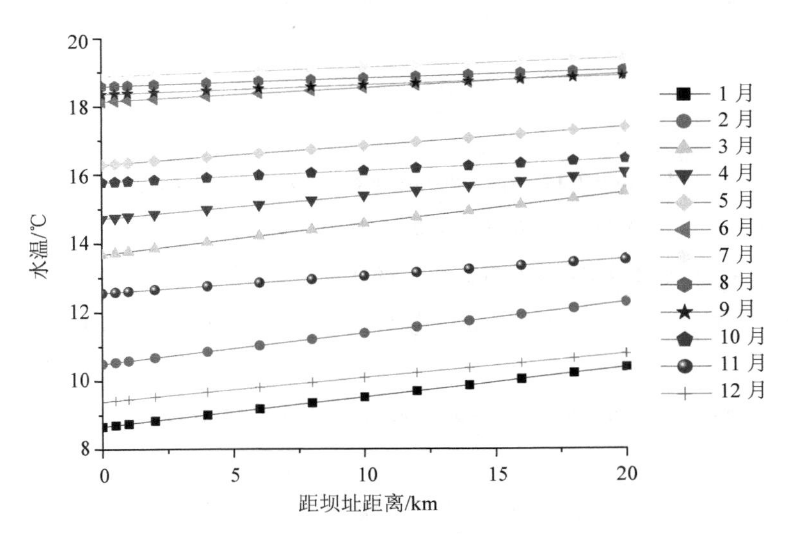


图 5　功果桥坝下河道 20 km 范围内水温沿程变化模拟结果

由图 5 可知，在功果桥坝下河道 20 km 范围内，从坝址到下游河道沿程水温呈现上升趋势，平枯水期（11 月至次年 5 月）水温增幅明显高于汛期（6—10 月）。这种变化趋势与功果桥平枯水期和汛期的下泄流量和流速、河道沿程气温变化等有关，也从侧面反映了电站建设运行对下游河道水温的影响。

## 5 结论

本研究将国外的坝下河道沿程水温简化模型运用于澜沧江功果桥水电站坝下河道，根据四个具有代表性的观测点实测水温数据对模型进行率定和验证，研究结果显示：MS1（距离功果桥坝址 2 km）和 MS2（距离功果桥坝址 20 km）两个观测点使用修正前后的简化模型模拟效果较好，而 MS3（距离功果桥坝址 29 km）修正前后模拟效果均较差。根据表 3，MS1 和 MS2 采用修正后的模型计算得到的 $E_{NS}$ 和 $R^2$ 均高达 0.94 以上，说明该简化模型在功果桥水电站坝下河道 20 km 沿程范围内的水温模拟具有较好的适用性。使用修正后的简化模型对功果桥坝下河道 20 km 范围内的水温变化模拟结果表明，功果桥坝下河道沿程水温随着距坝址距离的增加呈现上升趋势，且平枯水期（11 月至次年 5 月）水温增幅明显高于汛期（6—10 月）。模型原理及模拟结果表明，受到小湾水电站回水影响，功果桥水电站坝下 29 km 及以下河段的水温呈现降低现象，尤其表现在 10 月至次年 2 月，表明小湾库区河道水温可能低于天然情况下未建坝水温，但本研究未收集到该河段建坝前水温数据，其结论仍有待验证。本研究通过修正的简化模型模拟坝下河道沿程水温变化，可为其电站建设对下游生态影响评价以及其他电站下泄水温模拟提供参考，具有一定的应用价值。

## 参考文献


[1] Johnson M F, Wilby R L, Toone J A. Inferring air-water temperature relationships from river and catchment properties[J]. Hydrological Processes，2014，28（6）：2912-2928.

[2] 宋策，周孝德，唐旺. 水库对河流水温影响的评价指标[J]. 水科学进展，2012，23（3）：419-426.

[3] Magilligan F J，Nislow K H. Changes in hydrological regime by dams [J]. Geomorphology，2005（71）：61-78.

[4] Timpe K，Kaplan D. The changing hydrology of a dammed Amazon [J]. Science Advances，2017，3（11）：e1700611.

[5] 鲍其钢，乔光建. 水库水温分层对农业灌溉影响机理分析[J]. 南水北调与水利科技，2011，9（2）：69-72.

[6] 刘兰芬，陈凯麒，张士杰，等. 河流水电梯级开发水温累积影响研究[J]. 中国水利水电科学研究院学

报，2007（3）：173-180.

[7] 李禔来，陈黎明，王向明. 梯级水电站对库区和河道水温的影响预测[J]. 水利水电科技进展，2013，33（3）：23-28.

[8] 何大明，刘恒，冯彦，等. 全球变化下跨境水资源理论与方法研究展望[J]. 水科学进展，2016，27（6）：928-934.

[9] Nozomu Y. Prediction method for water temperature and turbidity behavior in a reservoir by three-dimensional numerical analysis [J]. Natural Energy Sources，2005：46-47.

[10] 马中良. 基于 MIKE11 的双支流河道中支流流量变化对下游水温的影响[J]. 水电能源科技，2014，32（2）：27-30.

[11] 代荣霞，李兰，王万，等. 神经网络模型在河道水温计算中的应用[J].中国农村水利水电，2009（3）：50-52.

[12] Smith K. The prediction of river water temperatures [J]. Hydrological Sciences Bulletin，2009，26（1）：19-32.

[13] 陆颖. 高原山地藤条江流域土地利用与气候变化的水文响应研究[D]. 昆明：云南大学，2009.

[14] Hall M J. How well does your model fit the data？[J]. Journal of Hydro-informatics，2001，3（1）：49-55.

[15] Krouse P，Boyle D P，Base F. Comparison of different efficiency criteria for hydrological model assessment [J]. Advances in Geosciences，2005（5）：89-97.

[16] 尤联元. 澜沧江河道冲淤变化特征及发展趋势[J]. 地理研究，2001，20（2）：178-183.

# 适应性水位调度方案下菜子湖湿地生境及水鸟分布

李红清[1] 江 波[1] 周立志[2] 杨寅群[1] 吴 师[3] 成 波[1] 蔡金洲[1]

（1. 长江水资源保护科学研究所，武汉 430051；2. 安徽大学，合肥 230031；
3. 安徽省水利水电勘测设计院，合肥 230088）

**摘 要**：菜子湖是引江济淮工程双线引江布局的主力线路，对保障工程安全运行和维护工程效益意义重大。分析适应性水位调度方案下候鸟越冬期重要水鸟种群数量、种群空间分布格局和群落结构、水鸟栖息地选择，可以为运行期菜子湖水位优化调度提供科学依据。以菜子湖湿地水位、水鸟生境、水鸟种群数量等为研究对象，综合遥感数据解译和越冬水鸟监测等方法，初步分析了适应性水位调度下菜子湖湿地生境和湿地水鸟分布。结果表明：适应性水位调度下菜子湖泥滩面积将减少 447.2～627.9 $hm^2$，减幅 7.4%～10.4%；菜子湖草本沼泽面积将减少 85.4～157.5 $hm^2$，减幅 1.9%～3.5%。越冬期菜子湖水鸟种群数量基本维持在 20 000 只以上的水平，适应性水位调度下监测到的国家重点保护水鸟和国际重要湿地 1%标准水鸟分别达到 6 种和 9 种。适应性水位调度下，越冬水鸟集中分布区与浅水水域、泥滩地、草本沼泽生境分布区高度关联，食物资源可利用性可能是影响水鸟集中分布区的另一重要因素。研究结果不仅为分析水位逐步抬升对湿地生境、重要水鸟种群数量和分布格局的影响机制提供重要基础，也为后续年度适应性水位调控方案的制订提供重要借鉴和依据。

**关键词**：菜子湖；适应性调度；湿地生境；水鸟

# Habitat Area of Various Wetlands and Species Composition of Waterfowl in Caizi Lake under Adaptive Water Level Scheduling

**Abstract**: Caizi Lake line is the main line layout of the Yangtze-to-Huaihe River Diversion Project,

---

作者简介：李红清（1968—），女，教授级高级工程师，长期从事水资源保护规划、设计及相关科研。E-mail：449835011@qq.com。

which is of great significance to ensure the safe operation and maintain the benefit of the project. Analyzing the number of important waterfowl populations, the spatial distribution pattern and community structure of migratory birds, and the migratory bird habitat selection under adaptive water level scheduling can provide scientific basis for the optimal scheduling of the Caizi Lake water level during the operation period. In this paper, water level, waterfowl habitat, and waterfowl population were taken as research objects, remote sensing data interpretation and wintering waterbirds monitoring methods were comprehensively used to preliminarily analyze the distribution of wetland habitat and waterfowl population under the adaptive water level scheduling. The results showed that Caizi Lake will lose about 447.2～627.9 hm$^2$（7.4%～10.4%）of mudflats and 85.4～157.5 hm$^2$（1.9%～3.5%）of herbaceous marsh. The number of waterfowl populations in the Caizi Lake in the wintering period is basically maintained at the level of more than 20 000, and the national key protected waterbirds and the 1% standard waterbirds of wetlands of international importance under the adaptive water level were 6 and 9 respectively. The concentrated distribution area of wintering waterbirds under the adaptive water level scheduling is highly correlated with the shallow waters, mudflats and herbaceous marsh habitats, and the availability of food resources may be another important factor affecting the distribution area of waterbirds. The results of the study could not only provide foundation for analyzing the impact mechanisms of gradual change in water level on wetland habitats, the number and distribution patterns of important waterfowl populations, but also provides an important reference and basis for the formulation of the annual adaptive water level regulation program.

**Keywords:** Caizi Lake；adaptive scheduling；wetland habitat；waterfowl

## 1 引言

菜子湖是引江济淮工程双线引江布局的主力线路，对保障工程安全运行和维护工程效益意义重大[1]。候鸟越冬期菜子湖水位变化特征与引江济淮工程调度运行密切相关，水位抬升将直接影响菜子湖越冬候鸟浅水水域、草本沼泽与泥滩地等适宜生境的出露，从而影响越冬水鸟食物资源、种群的空间分布和群落组成[2-7]。因此，开展适应性水位调度方案下菜子湖湿地生境及水鸟分布研究，有利于揭示菜子湖湿地生境和重要水鸟种群数量及分布格局对水位变化的响应，为优化引江济淮工程菜子湖水位调度方案提供依据。

本文基于适应性调度试验期间湿地生境和越冬候鸟监测数据，初步分析了适应性水位方案下菜子湖湿地生境和越冬水鸟的分布，研究结果不仅为分析水位逐步抬升湿地生境、重要水鸟种群数量和分布格局的影响机制提供重要基础，也为后续年度适应性水位调控方案的制订提供重要借鉴和依据。

## 2 研究区概况

菜子湖包括嬉子湖、白兔湖和菜子湖 3 个子湖，由于沿湖周围垦，菜子湖湖泊水面面积 242.9 $km^2$（相应水位 15.1 m）[1]。菜子湖原与长江天然沟通，1959 年枞阳闸建成后，菜子湖丰水期水位上涨，枯水期滩涂出露的湿地变化节律受人为调控和调度过程的影响较大。湖区水位在 7 月、8 月最高，9 月至次年 1 月菜子湖水位逐渐下降，次年 3 月菜子湖水位逐渐上升[1]。根据菜子湖湖区车富岭水位站（地理位置：117°6′53″E、30°50′0.6″N）多年水位（1956—2018 年）观测数据，建闸后菜子湖历史最高水位为 15.37 m，最低水位为 5.89 m。

根据生活型，菜子湖湿地植物可分为湿生植物、挺水植物、浮叶植物、漂浮植物和沉水植物 5 类[8]。受水位的空间分布格局及季节性变化规律影响，菜子湖湿地植被分布格局为[8]：中部水位较深的区域，以竹叶眼子菜群系、黑藻群系等沉水植物群落和野菱群系等根生浮叶植物群落为主；靠近岸边浅水区以菰群系、荭蓼+酸模叶蓼群系等挺水植物群落和荇菜群系等浮叶植物群落为主；湖滩以陌上菅群系、朝天委陵菜群系、肉根毛茛群系和虉草群系为优势的湿生植物群落为主。

菜子湖是豆雁和小天鹅等候鸟在东亚迁徙路线上的重要越冬地，也是全球受胁物种白头鹤、东方白鹳等在东亚地区的越冬地之一。菜子湖越冬水鸟种类和数量基本维持在种类 30～40 种和数量 20 000 只以上的水平[1, 8-10]。根据历史监测资料，菜子湖区分布有国家Ⅰ级重点保护水鸟 4 种，国家Ⅱ级重点保护水鸟 6 种，国际重要意义标准水鸟 7 种。每年 10—11 月越冬水鸟陆续到达，12 月—次年 1 月菜子湖越冬水鸟数量达到峰值，次年 3 月陆续北迁，4 月中下旬全部离开[1, 8-10]。水位、水鸟适宜生境面积、食物资源丰富度等是影响菜子湖水鸟分布的主要环境因子，受水位的空间分布格局及季节性变化规律影响，菜子湖湿地植物和水鸟适宜生境也呈现一定的空间分布格局，因此也造就了菜子湖区不同鸟类占据不同的生态位。冬季在水较深的湖区分布有鸭类和小天鹅等游禽，浅水区域则分布有鹤类和鹳类等涉禽，植食性鸟类主要分布在湖周植被较丰富的地区。雁鸭类和鹤类等越冬水鸟主要分布在苔草和狗牙根等分布较多的区域，甚至出现部分雁鸭类以及鹤类也在周边农田生境中觅食的现象。

# 3 研究方法

以菜子湖湿地水位、水鸟生境、水鸟种群数量等为研究对象，通过开展适应性水位调度试验，综合利用遥感数据解译和野外监测等方法（见图 1），分析适应性水位调度下湿地生境和湿地水鸟分布。

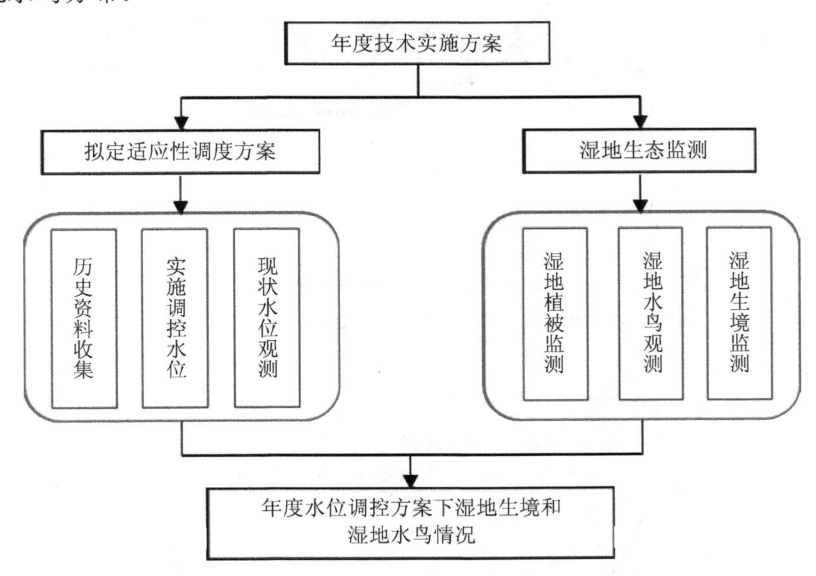


**图 1　引江济淮工程菜子湖适应性水位调度试验研究技术方案**

## 3.1　适应性水位调度方案

基于对菜子湖长系列水位变化过程的统计分析及引江济淮工程兴利调度对菜子湖水位控制的要求，在满足关键水文要素指标值控制要求的前提下，逐步减小消落期水位下降速率，增大上升期水位抬升速率，抬高各年最低水位，并尽量维持菜子湖原有水文节律，初步拟定了适应性调度试验期间菜子湖水位过程。

根据 2018 年 11 月—2019 年 3 月实测水位数据，2018 年 11 月 1 日—12 月 5 日，车富岭实测水位低于 2018—2019 水文年拟定的适应性调度水位；2018 年 12 月 6 日—2019 年 3 月 31 日，除 12 月 9 日和 12 月 10 日外，其余时段车富岭实测水位均高于 2018—2019 水文年拟定的适应性调度水位（见图 2a）。自 12 月下旬至 2019 年 2 月底约 2 个月时间，车富岭站实测水位与 2021—2022 水文年拟定的适应性调度水位基本保持一致，其余时段车富岭实测水位均高于 2021—2022 水文年拟定的适应性调度水位（见图 2b）。因此，2018 年 11 月—2019 年 3 月按实际水位进行调控，同步监测菜子湖湿地生境和湿地水鸟分布。

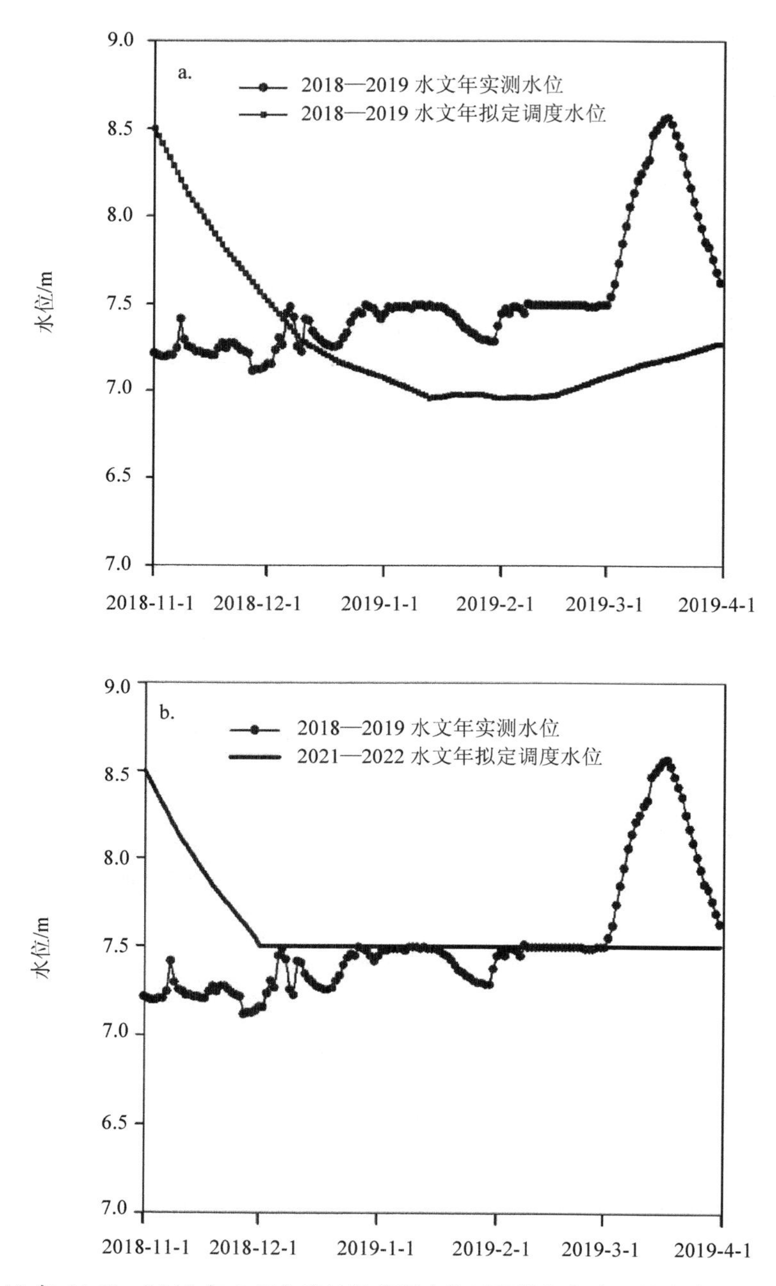


**图 2　2018 年 11 月—2019 年 3 月车富岭站实测水位过程线与年度调控方案水位过程线对比**

## 3.2　湿地生境分析

对 2018 年 11 月—2019 年 3 月水位数据进行分析，以 2018 年 12 月平均水位（7.34 m）作为适应性水位调度方案下的水位数据，筛选对应的 Landsat 7 ETM+及资源三号卫星遥感影像分析年度调度方案下湿地生境的面积及分布（见表 1）。由于接近 7.34 m 水位的遥感影像分别为 7.27 m 和 7.41 m 水位对应的资源三号卫星和 Landsat 7 ETM+卫星数据，本文分别选择 7.27 m 和 7.41 m 水位对应的卫星进行湿地生境分析，并以此为基础分析 7.34 m 水位的湿地生境情况。其中资源三号卫星遥感影像为 2.1 m 全色/5.8 m 多光谱融合遥感影像（融合后最高分辨率 2.1 m），Landsat 7 ETM+卫星遥感影像地面精度为 15 m，轨道编号为 121/038 和 121/039。根据每种土地类型特有的光谱特征，并结合现场定点调查与核验，利用 ERDAS 软件对遥感影像进行分类。对每景遥感影像的解译结果，通过误差矩阵（error matrix）的 Kappa 系数进行总体精度（overall accuracy）验证，并去除碎点后统计各土地覆被类型的面积。鉴于 Landsat 7 ETM+数据空间分辨率相对较粗，因此在进行解译时结合实地调查数据和局部区域的地形测量数据，对 Landsat 7 ETM+的解译结果进行优化，减少其解译误差。

**表 1　适应性水位调度方案下遥感影像筛选**

| 卫片日期 | 影像 | 产品类型 | 水位/m |
|---|---|---|---|
| 2018-4-10 | 资源三号 | 2.1 m 全色/5.8 m 多光谱 | 7.27 |
| 2012-4-1 | Landsat 7 ETM+ | 15 m 全色/30 m 多光谱 | 7.41 |

### 3.3　湿地水鸟监测与分析

候鸟越冬期水鸟监测采用定点观察为主，以路线调查的方法进行，监测时尽可能对菜子湖进行全覆盖。采用《全国第二次陆生野生动物资源调查鸟类同步调查技术方案》的调查方法，实施分片定点水鸟计数。在各监测点用 GPS 定位，用双筒望远镜确定目标，用单筒望远镜辨识及数算观察范围内所有鸟种，记录所见的种类数量、栖息地类型、人为干扰程度等因子。进行计数时，需记录各鸟种及其数量，未识别出的水鸟也进行计算，计数工作在 16:00 前结束。每种鸟的数量尽可能一只一只地数。如群体数量极大，或群体处于飞行、取食、行走等运动状态时，可以 5、10、20、50、100 等为计数单元来估计群体的数量。

## 4　结果与分析

### 4.1　适应性水位调度方案下湿地生境分布

根据解译结果（见表 2），7.27 m 水位时，水域面积为 12 040.9 $hm^2$，泥滩地面积为

5 610.4 hm$^2$，草本沼泽面积为 4 375.4 hm$^2$，水稻田面积为 1 843.8 hm$^2$；7.41 m 水位时，水域面积为 12 296.4 hm$^2$，泥滩地面积为 5 429.7 hm$^2$，草本沼泽面积为 4 303.4 hm$^2$，水稻田面积为 1 842.3 hm$^2$。7.34 m 水位时，水域面积为 12 040.9～12 296.4 hm$^2$，泥滩地面积为 5 429.7～5 610.4 hm$^2$，草本沼泽面积为 4 303.4～4 375.3 hm$^2$，水稻田面积为 1 842.4～1 845.6 hm$^2$。

**表 2　适应性水位调度方案下菜子湖各类湿地生境面积**　　单位：hm$^2$

| 湿地生境 \ 水位 | 7.27 m | 7.41 m | 7.34 m |
|---|---|---|---|
| 水域 | 12 040.9 | 12 296.4 | 12 040.9～12 296.4 |
| 草本沼泽 | 4 375.4 | 4 303.4 | 4 303.4～4 375.3 |
| 泥滩地 | 5 610.4 | 5 429.7 | 5 429.7～5 610.4 |
| 水稻田 | 1 843.8 | 1 842.3 | 1 842.4～1 845.6 |

菜子湖 1 月多年平均水位为 6.90 m，该时段越冬候鸟数量达到峰值，越冬候鸟适宜生境面积最大。卫片解译结果表明[1]：1 月多年平均水位情况下，菜子湖水域面积为 11 497.0 hm$^2$，泥滩地面积为 6 057.6 hm$^2$，草本沼泽面积为 4 460.9 hm$^2$，水稻田面积为 1 851.2 hm$^2$。菜子湖水位上升将引起泥滩湿地和草本沼泽湿地出露面积减少，水域面积增加，适应性水位调度下菜子湖泥滩面积将减少 447.2～627.9 hm$^2$，减幅 7.4%～10.4%；菜子湖草本沼泽面积将减少 85.4～157.5 hm$^2$，减幅 1.9%～3.5%（见表 3）。

**表 3　适应性水位调度下菜子湖湿地生境面积变化**

| 湿地生境 | 面积变化/hm$^2$ | | | 面积占比变化/% | | |
|---|---|---|---|---|---|---|
| | 6.97～7.27 m | 6.97～7.41 m | 6.97～7.34 m | 6.97～7.27 m | 6.97～7.41 m | 6.97～7.34 m |
| 水域 | 543.9 | 799.5 | 543.9～799.5 | +4.7 | +7.0 | +4.7～+7.0 |
| 草本沼泽 | −85.4 | −157.5 | −157.5～−85.4 | −1.9 | −3.5 | −3.5～−1.9 |
| 泥滩地 | −447.2 | −627.9 | −627.9～−447.2 | −7.4 | −10.4 | −10.4～−7.4 |
| 水稻田 | −7.3 | −8.8 | −8.8～−7.3 | −0.4 | −0.5 | −0.5～−0.4 |

候鸟越冬期水位上升会造成一定面积和比例的泥滩湿地和草本沼泽湿地出露面积减少[1]。对于引江济淮工程而言，规划水平年 2030 年、2040 年水位分别按 7.5 m 和 8.1 m 控制。因此，需进一步开展适应性水位调度试验，同时监测湖区水鸟生境和种群分布、数量等变化情况，为运行期菜子湖水位优化调控和湿地生境保护提供科学建议。

## 4.2 适应性水位调度方案下湿地水鸟分布

以 2018 年 12 月对应的水位（7.34 m）分析 2018—2019 研究年度水位调度方案下鸟类种群数量及其分布情况。2018 年 12 月共记录到水鸟 35 种，其中留鸟 6 种，冬候鸟 27 种，夏候鸟 1 种，旅鸟 1 种。记录到的水鸟共 7 目 12 科 35 种 67 203 只。其中，鹈鹕目 1 科 2 种 262 只，䴙形目 1 科 1 种 2 220 只，鹳形目 3 科 5 种 7 234 只，雁形目 1 科 13 种 53 521 只，鹤形目 2 科 4 种 233 只，鸻形目 3 科 7 种 3 350 只，鸥形目 1 科 3 种 403 只（见图 3）。从种类组成来看，鸭科种类最多，其次是鹬科。水鸟的种群组成中，数量较多的类群为雁鸭类和鸻鹬类。

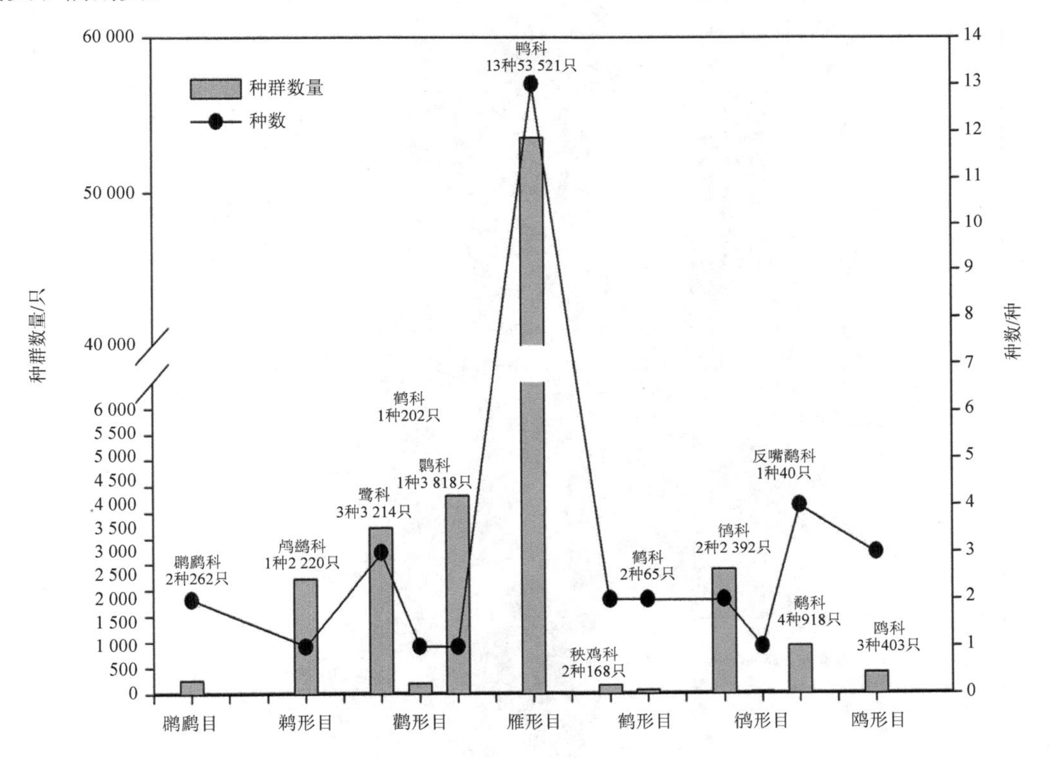


**图 3 适应性水位调度方案下菜子湖水鸟种类组成**

本次监测到国家重点保护水鸟 6 种，其中国家Ⅰ级保护水鸟 3 种：白头鹤、白鹤、东方白鹳；国家Ⅱ级保护水鸟 3 种：白琵鹭、小天鹅、白额雁。其中，IUCN 极危物种 2 种，为白鹤和青头潜鸭；濒危物种 1 种，为东方白鹳；易危物种 3 种，为白头鹤、鸿雁、小白额雁。达到国际重要湿地 1%标准的水鸟 9 种（见图 4），分别是白头鹤、东方白鹳、白琵鹭、白额雁、鸿雁、豆雁、大白鹭、普通䴙䴘、金眶鸻。

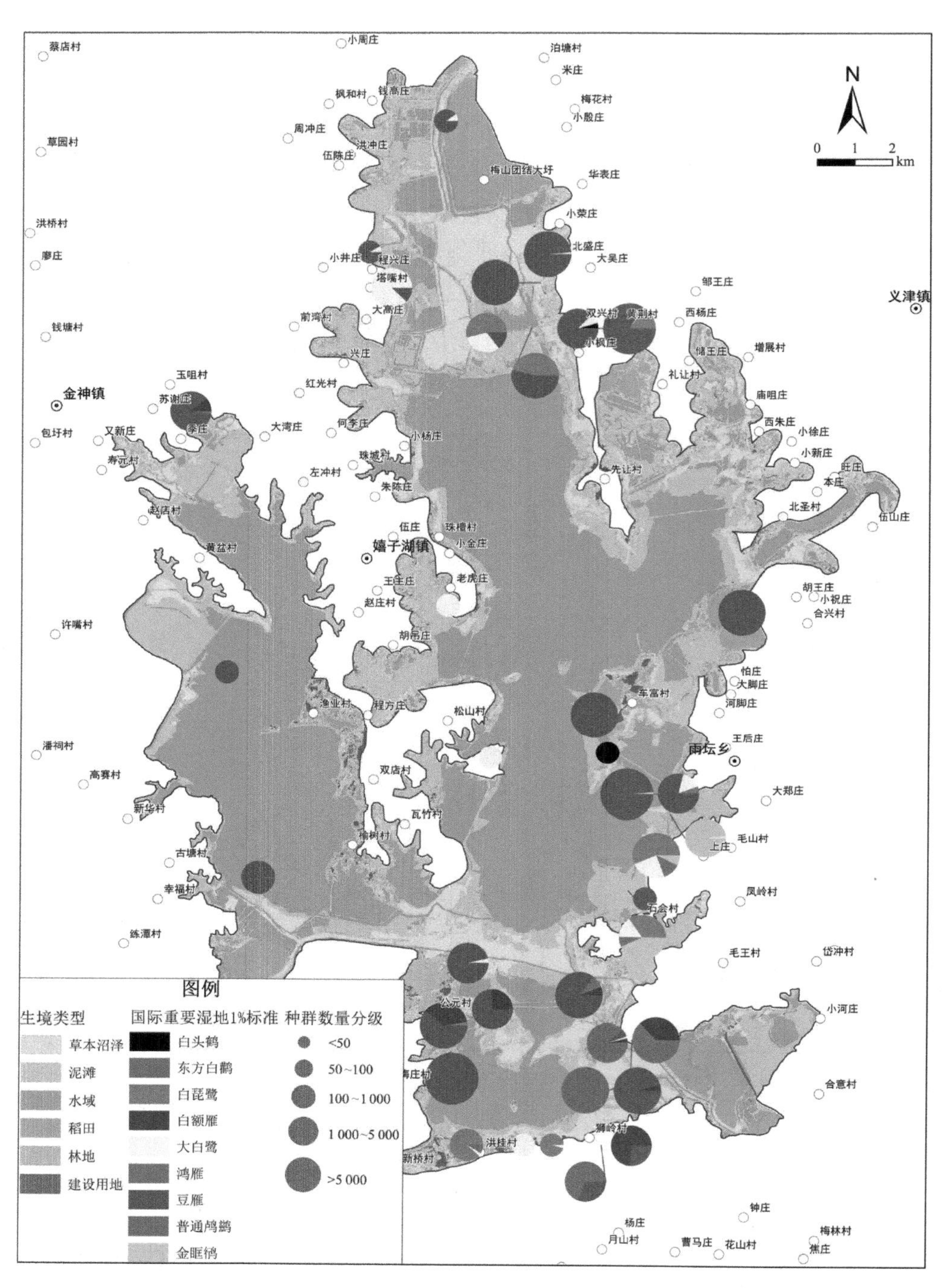


图 4　适应性水位调度下菜子湖国际重要标准水鸟及其生境分布示意

监测结果显示：在 43 个监测点位中，水鸟种群数量达到 500 只以上的监测点位共 19 个，占监测点位总数的 44.19%。43 个监测点位共监测到水鸟 67 203 只，其中种群数量超过 500 只的监测点位的种群数量共 63 879 只，占水鸟总种群数量的 95.05%，双兴村、胡王庄西侧、车富村西侧和南侧、石会村北侧和南侧及菜子湖国家湿地公园是菜子湖越冬候鸟集中分布区域。其中，双兴村和菜子湖国家湿地公园也是菜子湖国家重点保护水鸟集中分布区。

在监测发现国际重要湿地 1%标准水鸟分布的 38 个监测点位中，国际重要湿地 1%标准水鸟种群数量达到 500 只以上的监测点位共 19 个，占监测点位总数的 50%。38 个监测点位共监测到国际重要湿地 1%标准水鸟 59 717 只，其中种群数量超过 500 只的 19 个监测点位的种群数量共 57 718 只，占国际重要湿地 1%标准水鸟总种群数量的 96.65%。其中，双兴村、胡王庄西侧、车富村西侧和南侧、石会村北侧和南侧及菜子湖国家湿地公园是菜子湖国际重要湿地 1%标准水鸟的集中分布区域（见图 4）。

越冬水鸟的觅食区域与历史监测资料基本一致，其中雁鸭类和鹤类等越冬水鸟主要分布在水草和块茎分布较多的区域，部分雁鸭类（豆雁、鸿雁等）以及鹤类（白头鹤等）也在周边的农田生境中觅食。适应性调度方案下，菜子湖水鸟在浅水水域、草本沼泽、泥滩地和水稻田等湿地生境均有分布，但越冬水鸟及国际重要湿地 1%标准水鸟分布最多的区域为双兴村、胡王庄西侧、车富村西侧和南侧、石会村北侧和南侧及菜子湖国家湿地公园，其中双兴村和菜子湖国家湿地公园也是菜子湖国家重点保护越冬水鸟分布最多的区域。根据水鸟集中分布区域湿地生境类型分析，越冬水鸟集中分布区湿地生境以浅水水域、草本沼泽和泥滩地为主，表明越冬水鸟集中分布区与浅水水域、泥滩地、草本沼泽生境分布区高度关联，食物资源可利用性可能是影响水鸟集中分布区的另一重要因素。因此，需进一步加强适应性水位调度方案下水鸟食物资源调查，深入分析水鸟种群数量及分布的关键影响因素。

## 5 结论

本研究以适应性调度方案实施期月平均最低水位 7.34 m 作为适应性水位调度方案下的水位数据，分析了适应性水位调度方案下湿地生境和水鸟种群数量及分布情况。适应性水位调度方案下，水域面积为 12 040.9～12 296.4 $hm^2$，泥滩地面积为 5 429.7～5 610.4 $hm^2$，草本沼泽面积为 4 303.4～4 375.3 $hm^2$，水稻田面积为 1 842.4～1 845.6 $hm^2$。相较于 1 月多年平均水位 6.90 m，菜子湖水位上升将引起泥滩湿地和草本沼泽湿地出露面积减少，水域面积增加，适应性水位调度方案下菜子湖泥滩面积将减少 447.2～627.9 $hm^2$，减幅 7.4%～10.4%；菜子湖草本沼泽面积将减少 85.4～157.5 $hm^2$，减幅 1.9%～3.5%。候鸟越冬期水位上升会造成一定面积和比例的泥滩湿地和草本沼泽湿地出露面积减少。

2018 年 12 月，菜子湖记录到的水鸟共 7 目 12 科 35 种 67 203 只，记录到的越冬水鸟共 7 目 11 科 28 种 63 613 只。监测到国家Ⅰ级保护水鸟 3 种：白头鹤、白鹤、东方白鹳；国家Ⅱ级保护水鸟 3 种：白琵鹭、小天鹅、白额雁。达到国际重要湿地 1%标准的水鸟 9 种：白头鹤、东方白鹳、白琵鹭、白额雁、豆雁、大白鹭、金眶鸻。根据 2018 年 12 月水鸟监测数据，菜子湖水鸟分布最多的区域为双兴村、胡王庄西侧、车富村西侧和南侧、石会村北侧和南侧及菜子湖国家湿地公园，43 个监测点位共监测到水鸟 67 203 只，其中种群数量超过 500 只的 19 个监测点位的种群数量共 63 879 只，占水鸟总种群数量的 95.05%，其中双兴村和菜子湖国家湿地公园也是菜子湖国家重点保护越冬水鸟分布最多的区域。

## 参考文献


[1] 王晓媛，江波，田志福，等. 冬季安徽菜子湖水位变化对主要湿地类型及冬候鸟生境的影响[J]. 湖泊科学，2018，30（6）：1636-1645.

[2] 陈冰，崔鹏，刘观华，等. 鄱阳湖国家级自然保护区食块茎鸟类种群数量与水位的关系[J]. 湖泊科学，2014，26（2）：243-252.

[3] 齐述华，张起明，江丰，等. 水位对鄱阳湖湿地越冬候鸟生境景观格局的影响研究[J]. 自然资源学报，2014，29（8）：1345-1355.

[4] 周霞，赵英时，梁文广. 鄱阳湖湿地水位与洲滩淹露模型构建[J]. 地理研究，2009，28（6）：1722-1730.

[5] 刘成林，谭胤静，林联盛，等. 鄱阳湖水位变化对候鸟栖息地的影响[J]. 湖泊科学，2011，23（1）：129-135.

[6] 胡振鹏. 白鹤在鄱阳湖越冬生境特性及其对湖水位变化的响应[J]. 江西科学，2012，30（1）：30-35，120.

[7] 黎磊，张笑辰，秦海明，等. 食块茎水鸟及水位对沙湖沉水植物冬芽分布的影响[J]. 生态学杂志，2015，34（3）：661-669.

[8] 高攀，周忠泽，马淑勇，等. 浅水湖泊植被分布格局及草-藻型生态系统转化过程中植物群落演替特征：安徽菜子湖案例[J]. 湖泊科学，2011，23（1）：13-20.

[9] CHEN J Y，ZHOU L Z，ZHOU B，et al. Seasonal dynamics of wintering waterbirds in two shallow lakes along Yangtze River in Anhui Province[J]. Zoological Research，2011，32（5）：540-548.

[10] 朱文中，周立志. 安庆沿江湖泊湿地生物多样性及其保护与管理[M]. 合肥：合肥工业大学出版社，2010.

# 巢湖生态环境现状及主要生态问题分析

王晓媛[1] 江 波[1] 杨梦斐[1] 毕 雪[1] 田志福[1] 张文平[2]

（1. 长江水资源保护科学研究所，武汉 430051；2. 安徽省水利水电勘测设计院，合肥 230088）

**摘 要**：巢湖是全国五大淡水湖之一，是长江下游重要的生态湿地，具有多种重要生态功能。受多因素综合影响，巢湖生态环境问题复杂，湖泊功能部分丧失。在对巢湖水文情势、水质及污染源现状、水生生态现状、湿地生态现状分析的基础上，结合经济社会发展分析了巢湖主要生态环境问题，对于巢湖生态环境保护具有重要意义。

**关键词**：巢湖；环境现状；生态问题

# Analysis of the Ecological Environment Status and Main Ecological Problems in Chaohu Lake

**Abstract**：Chaohu Lake is one of the five largest freshwater in China. It is an important ecological wetland in the lower reaches of the Yangtze River and has many important ecological functions. Affected by many factors，the ecological environment of Chaohu Lake is complicated and the function of the lake is partially lost. Based on the analysis of hydrology，water quality and pollution source status，aquatic ecology status，wetland ecological status，and ecological and social development of Chaohu Lake，the main ecological environmental problems of Chaohu Lake is analyzed. This is of great importance for the ecological environment protection of Chaohu Lake.

**Keywords**：Chaohu Lake；environmental status；ecological environmental issues

---

作者简介：王晓媛（1978—），女，高级工程师，主要从事流域水资源与水生态保护研究，重大水利工程环境保护。E-mail：sunnywxy@163.com。

# 1 前言

巢湖流域总面积 13 486 $km^2$，涉及合肥、芜湖、六安、安庆、马鞍山等 5 市 16 个县区，是安徽省经济社会发展水平较高的地区，是安徽省实施“群圈带”区域发展战略的重要支点[1]。巢湖主体位于安徽省巢湖市，面积约 760 $km^2$，是我国五大淡水湖之一，是长江下游重要的淡水资源和生态湿地[2]，是巢湖流域和合肥市工农业及生活重要水源之一[3]，具有工业用水、农业灌溉、防洪、渔业、旅游等多种功能，在安徽省社会经济发展中发挥着重要作用[4]。20 世纪 50 年代初，巢湖生态环境良好。20 世纪 80 年代以来，伴随着人口增加和流域社会经济的快速发展，大量点源、面源污染进入水体，巢湖水质污染严重，水体富营养化情况日益严峻[5]，逐步积累的污染负荷超出了巢湖水体的承载能力[4, 6-7]。

为加强巢湖治理与保护，促进巢湖休养生息，保护河湖环境，修复流域生态，支持区域发展，近年来国家及安徽省编制和批复了巢湖水污染防治等相关规划，全面加快推进巢湖生态保护修复工程建设[8]。经过安徽省多方面的努力，巢湖水污染防治取得了初步成效。但由于巢湖生态环境问题复杂，即使采取最严厉的污染源治理措施和最严格的污水排放标准，其生态环境问题仍不容乐观[1]，在很大程度上可能限制其现代化建设的进程与可持续发展[9]。本文在巢湖生态环境现状的基础上深入分析了其主要环境问题，对巢湖生态保护工作方向的定位和工作的开展具有重要意义。

# 2 巢湖水环境现状

## 2.1 巢湖水文情势

巢湖流域总面积 13 486 $km^2$，其中巢湖闸以上来水面积 9 153 $km^2$，主要支流有杭埠河、丰乐河、派河、南淝河、柘皋河、白石天河、兆河等呈放射状注入巢湖，经湖泊调蓄后由裕溪河注入长江。

巢湖湖底高程一般在 3.1～4.1 m，蓄水位 6.1 m 时，水面面积 755 $km^2$，库容约 17 亿 $m^3$，为典型的浅水湖泊，承担着蓄洪、供水、水产等功能。历史上巢湖与长江自然沟通，其水位随江水涨落而变化，长江发生洪水时湖水排泄不畅或江水倒灌，进入枯水季节时则湖水回落长江，水旱灾害极为频繁。自建巢湖闸（1963 年）和下游入江河道裕溪闸后，巢湖水位涨落除受流域自身来水影响外，还取决于长江水位和巢湖闸、裕溪闸的控制运用。巢湖闸设计死水位 5.1 m，正常蓄水位 6.1～6.6 m，有效调节库容 4 亿～8 亿 $m^3$。自巢湖闸建成后，巢湖历年最高水位 10.87 m，最低水位 4.57 m。

巢湖流域年均地表水资源总量为 53.6 亿 $m^3$，含巢湖闸上和巢湖闸下二部分，其中巢湖闸上 1963—2010 年年均入湖水量 34.9 亿 $m^3$，与巢湖水质及水环境容量密切相关，一般经巢湖调蓄后排入长江。巢湖现状多年平均水位为 6.64 m（1963—2015 年），其中汛期水位（5—10 月）6.98 m，非汛期水位 6.29 m。根据巢湖闸上多年逐旬水位观测数据，巢湖水位在 7 月、8 月不断上涨，9 月达到最高值，并且开始逐渐下降，次年 4 月上旬降至最低（见图 1）。

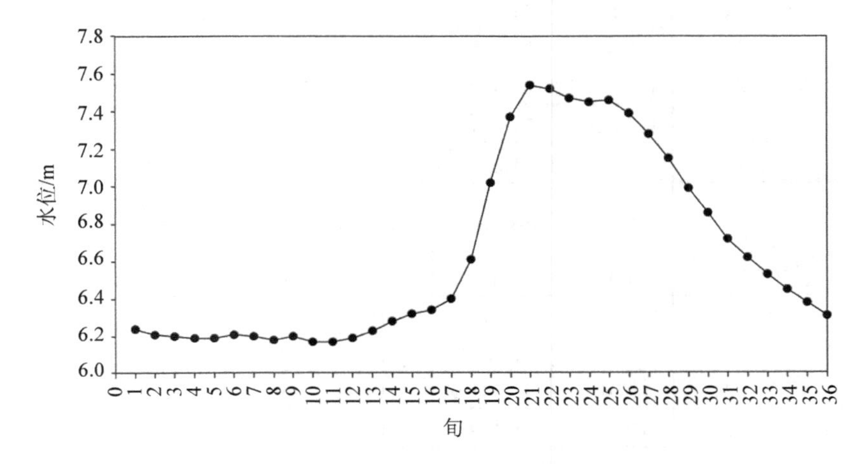


**图 1　巢湖多年旬平均水位变化**

## 2.2　巢湖水质现状

### 2.2.1　巢湖湖区水质现状

根据对巢湖 9 个常规监测断面 2015 年 1 月—2016 年 7 月的水质监测数据及 5 个补充监测断面 2015 年 24 项监测指标的评价结果[1]（见表 1）：常规监测断面中，东半湖的巢湖坝口、巢湖船厂、黄麓、东半湖湖心、兆河入湖区等断面水质类别为Ⅲ～劣Ⅴ类，主要污染指标为 TN、TP；西半湖的湖滨、新河入湖区、西半湖湖心、忠庙等断面评价结果均为Ⅴ～劣Ⅴ类，主要污染指标为 TN、TP。补充监测断面中，位于西部湖区的 3 处补充监测断面不同水期水质评价结果均为劣Ⅴ类，主要污染指标为 TN、TP 和氨氮。杭埠河入湖区不同水期水质类别均为Ⅴ类，其中丰水期和枯水期主要污染指标为 TN 和 TP，平水期主要污染指标为 TN、TP 和氨氮。白石天河入湖区不同水期水质类别均为Ⅴ类，主要污染指标为 TN 和 TP。

表 1 巢湖水质监测断面水质现状评价

| 监测点 | 名称 | 经度/（°） | 纬度/（°） | 评价标准 | 各类水质出现次数 | | | | |
|---|---|---|---|---|---|---|---|---|---|
| | | | | | Ⅱ | Ⅲ | Ⅳ | Ⅴ | 劣Ⅴ |
| 常规监测点 | 新河入湖区 | 117.318 3 | 31.593 | Ⅲ | 0 | 0 | 3 | 8 | 8 |
| | 西半湖湖心 | 117.375 4 | 31.644 4 | Ⅲ | 0 | 0 | 0 | 5 | 14 |
| | 巢湖坝口 | 117.822 1 | 31.593 3 | Ⅲ | 0 | 2 | 9 | 7 | 1 |
| | 巢湖船厂 | 117.717 8 | 31.623 7 | Ⅲ | 0 | 4 | 8 | 7 | 0 |
| | 东半湖湖心 | 117.619 3 | 31.518 6 | Ⅲ | 0 | 3 | 11 | 5 | 0 |
| | 忠庙 | 117.462 3 | 31.577 8 | Ⅲ | 0 | 2 | 7 | 6 | 4 |
| | 兆河入湖区 | 117.547 2 | 31.433 8 | Ⅲ | 0 | 0 | 6 | 11 | 2 |
| | 黄麓 | 117.626 5 | 31.597 9 | Ⅲ | 0 | 2 | 9 | 7 | 1 |
| | 湖滨 | 117.431 7 | 31.670 7 | Ⅲ | 0 | 0 | 0 | 5 | 14 |
| 监测点 | 名称 | 经度/（°） | 纬度/（°） | 评价标准 | 不同水期水质类别 | | | | |
| | | | | | 枯 | | 平 | | 丰 |
| 补充监测点 | 派河入湖区 | 117.306 9 | 31.664 4 | Ⅲ | 劣Ⅴ | | 劣Ⅴ | | 劣Ⅴ |
| | 南淝河入湖区 | 117.400 8 | 31.673 3 | Ⅲ | 劣Ⅴ | | 劣Ⅴ | | 劣Ⅴ |
| | 塘西港口外 | 117.339 7 | 31.705 3 | Ⅲ | 劣Ⅴ | | 劣Ⅴ | | 劣Ⅴ |
| | 杭埠河入湖区 | 117.405 | 31.541 9 | Ⅲ | Ⅴ | | 劣Ⅴ | | Ⅴ |
| | 白石天河入湖区 | 117.459 2 | 31.469 2 | Ⅲ | Ⅴ | | Ⅴ | | Ⅴ |

#### 2.2.2 环巢湖支流水质现状

环巢湖支流水质空间差异较大，位于巢湖西北部支流南淝河、塘西河、十五里河水质多为Ⅴ类和劣Ⅴ类；巢湖西南部的丰乐河—杭埠河、白石天河水质较好，水质基本为Ⅲ类；位于巢湖东南部的西河—兆河水质基本为Ⅲ～Ⅳ类；位于巢湖东北部的双桥河水质多为劣Ⅴ类，其他河流水质多为Ⅲ～Ⅳ类；巢湖出口河道裕溪河水质基本为Ⅲ～Ⅳ类。其中，南淝河、十五里河、派河等河流监测断面的主要超标指标最多。

### 2.3 巢湖污染物排放现状

巢湖现状污染源主要由点源、面源组成，其中城镇生活污水和工业废水等点源污染对COD和氨氮入湖量的贡献较大，TN和TP由农村生活污水、农田退田、畜禽养殖等面源污染与城镇生活和工业废水等点源污染共同贡献。按行政区分布，合肥市区现有入河排污口42个，占巢湖闸上规模以上入河排污口总数的53.8%。合肥市年污水量2.7亿t，其中COD、氨氮、TN、TP年入湖量分别为4.2万t、0.23万t、0.48万t、0.04万t，对巢湖的污染负荷贡献最大，是导致巢湖水质污染严重的原因。

按环巢湖支流分布（西北部、西南部、东北部和东南部）对入河污染排放现状进行分析。巢湖西北部现有52个入河排污口（包含排入南淝河、派河、店埠河、十五里河上的入河排污口），西南部现有 6 个入河排污口（包含排入杭埠河、丰乐河、杭北干渠上的入河排污口），东北部现有 8 个入河排污口（全部排入双桥河），东南部现有 12 个入河排污口（全部排入西河、兆河）。年污水量、COD、氨氮、TN、TP 年入湖量分布情况如下：西北部分别为 2.99 亿 t、4.69 万 t、0.25 万 t、0.52 万 t 和 0.05 万 t；西南部分别为 0.11 亿 t、0.14 万 t、31.7 t、50.7 t 和 4.9 t；东北部分别为 0.12 亿 t、0.09 万 t、40.66 t、65.52 t 和 5.90 t；东南部分别为 0.18 亿 t、0.14 万 t、0.03 万 t、0.04 万 t 和 27.30 t。环巢湖支流年污水量、COD、氨氮、TN、TP 年入湖量占比情况分别如下：西北部为 88.21%、92.69%、86.42%、90.56%和 92.25%；西南部为 3.14%、2.83%、1.11%、0.88%和 1.00%；东北部为 3.44%、1.69%、1.43%、1.09%和 1.20%；东南部为 5.20%、2.79%、11.02%、7.45%和 5.54%。从入河排污口分布情况可知，巢湖 80%左右的入湖污染负荷进入巢湖西半湖，是导致巢湖西半湖水质污染严重的根本原因。

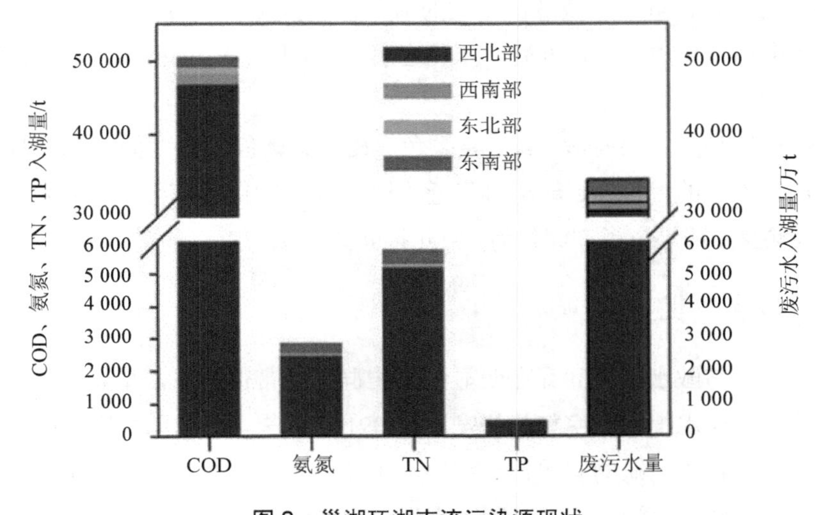


图 2 巢湖环湖支流污染源现状

## 3 巢湖生态现状

### 3.1 巢湖水生生态现状

#### 3.1.1 浮游生物

根据 2015 年 5—9 月的现场调查结果，共检出浮游植物 7 门 56 属 112 种，其中绿藻门 23 属 49 种，占全部种数的 43.8%；硅藻门 14 属 33 种，占 29.5%；蓝藻门 6 属 9 种，占 8.0%；裸藻门 3 属 8 种，占 7.1%；甲藻门 4 属 7 种，占 6.2%；隐藻门 2 属 3 种，占 2.7%；黄藻门 2 属 3 种，占 2.7%。调查区域整个巢湖以蓝藻门的卷曲鱼腥藻、水华微囊藻、水华束丝藻，硅藻门的扭曲小环藻，黄藻门的小型黄丝藻等为主。

调查期间共检出浮游动物 4 门 48 种，其中原生动物 13 种，占全部种数的 27.1%；枝角类 8 种，占 16.7%；桡足类 3 种，占 6.25%；轮虫 24 种，占 50%。共采集到底栖动物 7 科 16 属 23 种，其中环节动物 6 种，占 26.1%；节肢动物 8 种，占 34.8%；软体动物 9 种，占 39.1%。底栖动物优势种为菱跗摇蚊、小摇蚊、霍甫水丝蚓、长足摇蚊、正颤蚓、苏氏尾鳃蚓和铜锈环棱螺，东部湖区和西部湖区底栖动物的群落结构有所差异，东部湖区主要以菱跗摇蚊和小摇蚊为主，西部湖区主要以霍甫水丝蚓、正颤蚓和长足摇蚊为主。

#### 3.1.2 鱼类资源及重要生境

2015 年 5—9 月现场调查共采集鱼类 8 目 14 科 41 种，其中鲤科鱼类 25 种，占 70%。常见种类主要有四大家鱼、鲤、鲫、鲌类、湖鲚和太湖新银鱼等。根据现场调查，鲢、鲌类和湖鲚占渔获物重量的比例分别为 12.8%、12.1%和 31.9%，占比达到 10%以上；湖鲚、太湖新银鱼、黄颡鱼、鲫等小型种占尾数的前四位，占比分别为 43.1%、10.2%、5.7%、5.7%。渔获物中小型鱼类较多，鱼类个体普遍偏小，平均重量超过 700 g 的种类仅有鳗鲡、翘嘴鲌及鲢 3 种。

巢湖产黏性卵种类主要有鲤、鲫、黄颡鱼、瓦氏黄颡鱼、鲇、黄尾鲴、泥鳅、花䱻等。现场调查在施口附近的太行滩、新河口附近的周家滩、石山河附近的和尚滩、龟山、施口、小南湾等处发现鲤、鲫等鱼类产卵行为，由此推断该水域附近有产黏性卵鱼类产卵场分布。

### 3.2 巢湖湿地生态现状

巢湖沿岸浅滩与敞水区之间存在明显的植物群系地带性分布，并且沿漂浮植物—沉水植物—浮叶植物—挺水植物的演替趋势发展。1991 年以来，随着巢湖流域凤凰颈站等引水工程的建成以及水资源短缺的问题日益突出，巢湖蓄水位多在 6.1～6.6 m。冬春季控制水位的抬升使原有滩地被淹没，同时限制了水生植物的萌发与生长，湖岸侵蚀景观和湖面的“湖靛”景观取代了水生高等植物景观，宽阔的湖面基本呈现明水状态。由于环湖堤坝修建，巢湖挺水植物分布稀少，浮叶植物也仅在一些小湖湾内出现，沉水植物是巢湖主要植被类型，但面积也仅占全湖面积的 1.54%左右。

## 4 巢湖主要生态环境问题分析

### 4.1 水环境问题突出、水环境治理形势严峻

受城市生活废污水排放量增加、周边农业灌溉区面积大、本底污染面广等多重问题影响，巢湖水体污染严重及水体富营养化程度加剧，蓝藻水华暴发频繁[10]。全湖的综合水质

劣于Ⅲ类水质标准，73.3%的水域处于富营养化状态，湖区主要污染物TN和TP分别超过Ⅲ类水质标准的3倍和4倍[11]，其中西半湖水质污染尤为严重，已经对流域生态环境和社会经济发展造成胁迫[12]。从主要污染来讲，巢湖入湖河流主要超标污染物为TP、TN和$NO_3^-$-N[13]，巢湖的主要污染物为TN、TP等。从污染源来讲，农田退田、畜禽养殖等面源污染与城镇生活和工业废水是巢湖的主要污染源。从行政区来看，合肥市是导致巢湖水质污染严重的原因。从污染途径来讲，入河排污口是巢湖水质的主要污染途径。

为治理巢湖污染，控制巢湖富营养化进一步加剧，近年来国家及安徽省编制和批复了巢湖水污染防治等相关规划，加快推进巢湖生态保护修复工程建设。作为引江济淮工程的重要调蓄水体，现行的国家考核目标达不到调水要求的Ⅲ类水质。在保护中求发展和在发展中促保护，是流域经济社会可持续发展必须面对的重大课题，也是巢湖水污染防治和水环境保护必须面对的重大挑战。

## 4.2 生态潜在风险大

重金属污染是巢湖水质恶化的重要污染物[3]。李国莲[3]研究结果表明：巢湖沉积物中元素Cr和Ni主要以残渣态存在，Cu、Zn、Pb和Cd非残渣态含量很高，其中Pb主要存在于氧化态和还原态中，Cd主要存在于酸溶解态，Cd、Pb和Hg具有一定的生态危害。夏建东等[14]研究表明：巢湖沉积物中As三年含量均值超过了GB 15618中规定的碱性水田土壤风险筛选值，而Zn生物可利用形态占比高，生态潜在风险大。随着城市化规模的扩大及程度的加深，巢湖沉积物中重金属污染存在逐年加剧的风险[14]。

## 4.3 水生生态系统退化

20世纪50年代巢湖洄游性鱼类占总种类数近40%，20世纪60年代巢湖闸和裕溪闸相继建成产生江湖阻隔，导致洄游性鱼类资源衰退。到20世纪80年代其种类所占比例下降到不足10%，目前洄游性种类已很少见。巢湖闸和裕溪闸建成后，原有水文节律改变，湖区沉水植物大面积减少，依靠水生植物产卵的鱼类繁殖场所以及幼鱼的肥育场所减少。加之湖区捕捞强度增加、传统渔业方式变化，巢湖鱼类种群结构也发生明显变化，水生生态系统退化。

## 4.4 湿地资源退化

巢湖湿地对维护巢湖生态平衡和促进当地社会经济可持续发展方面具有不可替代的作用。尽管安徽省在巢湖湿地生态保护方面做了大量工作并取得显著成效，但由于历史原因，对巢湖湿地资源的破坏和不合理利用所产生的生态环境问题仍然十分突出，主要表现在：湿地面积减少，湿地功能受损；水体污染影响巢湖湿地生产力和湿地功能的整体发挥；

湿地生境破坏，生物多样性退化；巢湖湿地综合性开发利用不足[15]。

## 5 结语

巢湖具有多种重要生态功能，对于安徽省社会经济发展和现代化建设具有重要意义。本文在对巢湖水环境和生态现状分析的基础上，结合经济社会发展分析了巢湖主要生态环境问题。受多方面因素综合影响，巢湖水环境问题严峻，存在水污染形势严峻、供水安全不确定性、水生生态系统退化、湿地资源退化等方面的问题。应制定合理的巢湖生态环境保护对策，加强巢湖水位优化调控、污染物控制和生态修复，改善巢湖富营养化和水生生态退化问题，促进巢湖湿地资源的可持续发展。

## 参考文献

[1] 长江水资源保护科学研究所. 引江济淮工程巢湖段输水方案调整环境影响补充报告[R]. 2016.

[2] 唐晓先，沈明，段洪涛. 巢湖蓝藻水华时空分布（2000—2015 年）[J]. 湖泊科学，2017，29（2）：276-284.

[3] 李国莲. 巢湖污染物赋存、来源及风险评价研究[D]. 合肥：中国科学技术大学，2012.

[4] 吴连喜. 20 年巢湖流域土地利用变化及生态服务功能价值分析[J]. 土壤，2009，41（6）：986-991.

[5] 殷福才，张之源. 巢湖富营养化研究进展[J]. 湖泊科学，2004，15（4）：377-384.

[6] 王化可. 基于水生生物需求的巢湖生态水位调控初步研究[J]. 中国农村水利水电，2013（1）：27-30.

[7] 连芸，宋传中，吴立坤，等. 基于 GIS 和 RS 的巢湖北岸湿地分类研究[J]. 合肥工业大学学报，2008，31（11）：1736-1739.

[8] 王晓媛，江波，杨梦斐，等. 巢湖生态环境现状及保护对策分析[J]. 人民长江，2018，49（17）：24-30.

[9] 夏敏，周震，赵海霞. 基于多指标综合的巢湖环湖区水系连通性评价[J]. 地理与地理信息科学，2017，33（1）：73-77.

[10] 李雷，戴万宏. 巢湖水体富营养化污染现状及防治对策[J]. 中国水土保持，2009（7）：55-57.

[11] 胡降临，王心源. 巢湖流域协调发展的自然地理学透视[J]. 环境与可持续发展，2009，34（1）：32-35.

[12] 方凤满，金高洁，高超. 巢湖水环境质量时空演变特征及成因分析[J]. 水土保持通报，2010，30（5）：178-181，220.

[13] 奚姗姗，周春财，刘桂建，等. 巢湖水体氮磷营养盐时空分布特征[J]. 环境科学，2016，37(2)：542-547.

[14] 夏建东，龙锦云，高亚萍，等. 巢湖沉积物重金属污染生态风险评价及来源解析[J]. 地球与环境，2020，48（2）：220-227.

[15] 邓丽君. 巢湖湿地资源现状及保护利用对策分析[J]. 安徽科技学院学报，2015，29（5）：117-120.